LIFE STORY

Many lives,one epic journey

生命的故事

BBC动物世界的传奇

【英】鲁珀特·巴林顿（Rupert Barrington）

【英】迈克尔·高顿（Michael Gunton）

【英】迈尔斯·巴顿（Miles Barton） 著

【英】伊恩·格雷（Ian Gray）

【英】汤姆·休－琼斯（Tom Hugh-Jones）

朱晨月 陈星晓 陈博文 史星宇 刘晓艳 王倩 译

U0233928

人民邮电出版社

北 京

目　录

序　言

　　卡拉哈里沙漠的黎明，我坐在一个猫鼬窝旁，四周有十几个地穴。猫鼬们还躲在下面。一位已经研究了猫鼬好几个月的工作人员告诉我，用不了 10 分钟，就会有一只小猫鼬从离我只有约 1 米远的 3 个洞口之一里爬出来，迈出它通向外部世界的第一步。

　　果然，10 分钟后，一只成年的母猫鼬悄悄爬到洞口，后腿一蹬，跳了出来，开始侦察周围的情况。没过多久，一只迷你版的小猫鼬宝宝也跌跌撞撞地爬出了地穴。这时，猫鼬妈妈爬向我这里，看了看我伸出的手指。

　　这是小猫鼬宝宝有生以来第一次见到阳光。面对着这具有纪念意义的一刻，它不慌不忙地做好了充分的准备。猫鼬交配之后，小猫鼬在母亲的子宫里待上 60~70 天后，在漆黑的地穴里出生了。之后，它还要在地穴里再待上 19 天，喝着母乳，慢慢长大。只有这样，它才能在外面的世界取得一席之地，来应对它将要面临的所有困难。

　　当然了，并不是所有哺乳动物都像猫鼬一样，能够如此轻松地进入外面的世界。牛羚宝宝要在母亲的子宫里待上 8 个月，才能从母亲的肚子里出来，在广阔的热带草原上摇摇晃晃地学会站立。1 小时之内，它就要学会跟在母亲身后去寻找牧草。可是，对于袋

鼠而言，它出生以后，既可能从容不迫，也可能慌里慌张。这要取决于你怎样计算它出生的时间。要是从它离开母亲身体的那一刻开始算起，在只有大约30天的时间里，对这样一种体形的动物来说，小袋鼠实在太小了，小得几乎看不出来是一种哺乳动物，更不要说是袋鼠了。小袋鼠体形非常小，并且像虫子一样裸露着，前肢好像残疾了一样，后肢也没什么特征。它们躲在母亲肚子前面的育儿袋里，蹭着母亲肚子上的皮毛扭动着。在满10个月之前，它们甚至不会偷偷看一眼外面的世界。在那之后再过好几周，它们才能学会独立。

不是只有哺乳动物的出生方式才具有如此大的差异性。在动物王国里，这是一种普遍现象。当然，鱼通过产卵来繁衍后代，但并非所有鱼类都是如此。有些鱼是胎生的，比如古比鱼，所有热带鱼饲养员都知道这一点。一些人猜测胎生鱼是最近才进化出来的，其实不然，在几年前就已经有了令人震惊的发现——距今约3.8亿年前，一些生活在海里的最古老的鱼类就是胎生的。

将调查范围扩大到昆虫，你会发现动物们更多的走进外面世界的方法。比如说，绿蚜虫春天从卵里孵化出来，绝大多数都是雌性。如果天气适宜，又有足够的树木为它们提供汁液，这些雌性绿蚜虫就不用费力去寻找雄性交配了，自己就可以生出小绿蚜虫。这些小绿蚜虫几天之内就会出生。它们出生的时候，肚子里就已经有雌性的小绿蚜虫了。

这些动物们繁衍方式的多样性同样可以体现在它们生命各个阶段中面临生存威胁的时刻。每一个物种都有自己应对生存挑战的方法，它们只有一个目标——繁衍后代，生生不息。每一次成功的繁衍都让它们离这个最终目标更近一步。为什么会出现如此数量众多、内容丰富的生存行为呢？

一方面，各种解剖结果表明，动物们继承了其祖先所具有的许多特点；另一方面，不同物种面临不同的环境。正是这两个简单的变化因素导致动物们为了生存和繁衍出现了各式各样的不同反应。本书和《生命的故事》系列电视节目向大家揭示了动物们是怎样面对生存考验的。

雄性的缎蓝亭鸟要用好几年的时间学习筑亭的手艺，用来在求偶时取悦雌鸟。而雄性的日本河鲀用来取悦雌性的则是一个精美绝伦的沙坑建筑，令人很难相信那是一条小鱼的手笔。此外，雄性长颈象鼻虫在求偶时进行分工，在雌性准备产卵时，雄性要守护雌性不受其他雄性的追求，使下一代在出生前得到足够的关照。

动物世界可供拍摄的生存策略不胜枚举，因此，制片人能够挑选出来这些人们前所未见或是从未被拍摄过的题材也就不足为奇了。正如下文所讲述的那样，这也是拍摄自然界的故事总能为我们带来无穷无尽的快乐与惊喜的原因所在。

大卫·阿滕伯勒（David Attenborough）

第 1 章

生命伊始

诞生，即某一动物破壳而出或离开孕育它们的子宫、开启生命旅程的重要时刻。动物生命的终极目标就是足够长寿以便能繁衍下一代，遗传它们的基因。但是，一个新生命最终能够实现这一目标的概率其实非常低。

▶ **冰上安乐窝**
小帝企鹅正在探索新世界。当它们的父母到海里去时，它们被留在冰上的集中"育儿所"里，远离冰盖边缘，也远离掠食者的威胁。

▲ **血缘羁绊**
前页 这对小狮子正边看边学，它们之间的羁绊会随着成长变得越来越紧密。它们能否平安长大取决于狮群的凝聚力，以及它们的父亲是否有能力击败其他雄狮以保卫狮群。

生命伊始

对寿命短暂的动物来说，在成长第一阶段的首要任务就是长大——迅速长大。对于更高级、更长寿的动物来说，童年时期成长速度稍慢，它们可以在此期间学习对未来生活极有帮助的技能。

生命伊始，动物们正处于最幼小、最脆弱、最容易受伤害的阶段，所以它们生命旅程第一阶段的主题就只有求生。很大程度上，运气决定了谁能生存，每一个新的一天都是它们战胜困难的奖赏，而要战胜困难最有效的办法就是尽快地长大成熟。所以幼年时期摄取的食物通常直接决定了它们今后长期的胜算。

许多昆虫的幼虫几乎就是进食机器，它们竭尽所能摄入植物，供自己转变成蛹，羽化成虫。灰海豹幼崽必须在海中生存，所以在跳入海中之前，它必须积累尽可能多的脂肪。它每天要喝 5 次脂肪含量 60% 的母乳，在 3 周内长到出生时的 3 倍大。

高级且拥有较长寿命的动物通常会有兄弟姐妹，并可能由其父母抚养长大。母亲和幼崽之间的纽带至关重要，幼崽一旦失去母亲就很难存活。在群居的灵长类动物中，即便部落中有其他个体愿意照顾孤儿，也只有在收养孤儿的是一位刚刚失去孩子的母亲，且这位母亲还能继续产奶的情况下，幼崽才能存活。如果动物幼崽必须依靠它的母亲提供食物和庇护，那么它必须要学会辨认它的母亲。最基本的方法，也就是许多水禽幼鸟使用的方法，即记住它们孵化出壳后看见的第一个会动的东西——通常就是它的母亲——然后无论到哪儿都跟着它。

为了鼓励双亲的抚养行为，幼崽们通常具有一些特征，例如大大的眼睛，它们的毛色可能不太一样，以此提示双亲它们是幼崽而非竞争对手。但这无法消除同胞之间的竞争，例如鲨鱼、土狼和昆虫手足之间的竞争有可能是致命的，但我们记录得最详细的还是幼鸟之间的竞争。幼鸟在巢中斗个你死我活是很正常的事情，通常它们的父母也鼓励这种行为，这样它们就能够集中精力抚养最有可能存活的幼鸟，尤其是在食物短缺的情况下。

来自家庭内部的威胁还包括母亲们会在非常艰难的情况下杀死并吃掉它们的幼崽，这样才能保证它们自身可以活到生存环境缓和的时候再次生育后代。在一些群居动物中，统治族群的雄性也可能会杀死非自己后代的幼崽。

物种越高级，幼崽在独立生活前就有越多的技能要学习。动物们通过观察和练习学习技能，它们的双亲或族群中的其他成员可以成为它们的导师。猫科动物，比如猎豹，会故意将抓到的猎物弄伤，并在幼崽面前释放猎物，让幼崽练习捕猎技巧。虎鲸妈妈会花数年时间教导它们的孩子学习捕猎技巧——例如，如何在沙滩上捕猎海豹。我们可以看到，就连家养的母鸡也会教导它们的小鸡如何选择最有营养的食物。

也许在很多哺乳类动物的幼崽身上，最招人喜爱的一点就是它们的嬉戏玩闹。玩闹对于增强它们的力量、培养合作能力、掌握捕猎时机和社交技巧是必不可少的。但随着生命越来越成熟，当幼崽不能继续依靠它们的父母获取食物和庇护时，玩闹就渐渐淡出了它们的生活。走完了生命旅程的最初阶段，熬过了一些最危险的威胁，幼崽们现在必须要学习成年世界的守则了。

▶ 一只好奇的小叶猴正在研究自己在相机镜片上的倒影。这一因好奇而引发的调皮举动被它的妈妈制止了。

奇异的蜕变

少数古怪而奇异的幼虫

对于绝大多数动物而言，幼年时期的死亡率比生命中其他任何时期都要高。发育不全、心思单纯的动物幼崽并没有做好抵御疾病和危险的准备。要想应对这种情况，有两个策略。寿命较长的动物，如鸟类和哺乳动物，它们倾向于少生优育。寿命较短的动物，如昆虫，它们会生育大量的幼虫，尽管它们不怎么照料下一代，但是由于它们产下的幼虫数目庞大，总有几个能撑到生命中的下一阶段。

尽管大部分幼虫都是这场数量比拼中的牺牲者，但是幼年阶段依然十分重要。的确，许多物种的幼年时期远比成年时期要长。昆虫拥有外骨骼（坚硬的外壳），却没有骨头。这使得它们一生都可以通过蜕皮和蛹化轻易地改变自己的身体形态，导致了昆虫形态具有极大的多样性。它们会以两种不同的形态存活于世，有时这两种形态之间的差异是无比巨大的：在快速成长的小时候是幼虫，长大后是更为复杂的、性成熟的成虫。成虫拥有能够支持它们完成出行、打架、交配等任务的身体结构。

蝴蝶和飞蛾的幼虫阶段是毛虫——它们是高效的进食机器，这样做的目的在于将食物转化为体重。与花费精力去进化出复杂的身体构件相比，这个相对简单的形式使它们可以将尽可能多的能量用在长块头上，然后在蛹内进行重组，化为成虫。但是由于自身行动缓慢且富含蛋白质，毛虫需要一些防御策略来避免自己成为其他生物的美餐。

毛虫威慑掠食者的常用伎俩包括摄取植物毒素保存在体内并辅以警戒色。毛虫长有带毒毛刺的例子数不胜数。还有一些毛虫利用身上的图案吓走掠食者。身上长有卡通眼睛图案的银月豹凤蝶幼虫能够模仿蛇类，当它受到威胁时，能吐出分叉的假舌头模仿蛇信。仿蛇天蛾幼虫鼓起并摇摆背部尾端，给人一种恐怖的印象，仿佛那是一条愤怒的毒蛇的头部。彻底改头换面是它们的另一种选择——和自己居住的植物融为一体。尺蛾幼虫是最美的例子之一，它们会用花瓣装饰自己，伪装成自己所食用的花朵。

相反，像蚱蜢、蟑螂之类的昆虫，它们会将自身的发育集中在尚在虫卵

◀ 神奇的景象

左上 哥斯达黎加仿蛇天蛾幼虫，鼓起了身体，将尾部直立，以此模仿蛇的头部。

右上 哥斯达黎加刺蛾幼虫，将自己伪装成了一个种荚。

右下 银月豹凤蝶幼虫，它鼓起假"头"来掩饰被自己藏起来的真正的头。假眼是为了吓走潜在的捕食者。在真正受到惊吓时，它还能吐出分叉的假舌头。

左下 花饰波纹翠蛾幼虫。在蜕皮之后，它需要将自己食用的花朵嚼碎后装饰在身上。

几分钟之内，它们相继被孵化出来，蠕动着破鞘而出，再通过所吐的丝下落一小段距离。在下落的过程中，它们会舒展身体，呈现出标准的螳螂的模样。

▶ 螳螂的变态发育

左上 完全成型的兰花螳螂若虫从储存着虫卵的保护性卵鞘中孵化出来。

左下 刚刚被孵化出来的螳螂若虫吊着丝线，在此期间，它们的外骨骼（外壳）会变硬。

右上 一只仍然有着红黑相间的警戒色、试图吓走掠食者的年轻螳螂。这种红黑色是一些真正有毒的昆虫的颜色。

右下 一只即将长大的兰花螳螂，正在通过蜕皮发育出花朵状的伪装。这种伪装用于前臂以引诱昆虫，守株待兔。

里的幼虫时期完成。然后若虫会被孵化出来，它们和成虫有着相同的身体结构。甚至连生活在水中的蜻蜓的若虫，也和它们将要变成的会飞的成虫有着相似的外形和捕食行为。这些将成熟阶段作为成长阶段的若虫，需要通过数次蜕皮改变它们的外壳，逐步发育出翅膀、生殖器等性状。

螳螂的若虫和它们的成虫一样是掠食者。从卵鞘出来的那刻起，它们就开始捕食了。所谓卵鞘，就是保护着 20~300 个虫卵的外壳。虫卵的数量取决于螳螂的种类。这些虫卵相继被孵化出来，然后蠕动着破鞘而出，再通过所吐的丝下落一小段距离。在下落的过程中，它们会舒展身体，呈现出标准的螳螂的模样。一旦它们的外骨骼变得坚硬，这些小若虫们就会向四处散开，寻找食物和藏身之处。

只有成虫一小部分大的若虫，在成年前要经历五六次蜕皮。为了实现这一雄心勃勃的成长目标，若虫要吞噬一切它们那快如闪电、强如猛禽的爪子所能捕获的东西。捕食一部分是靠本能，但它们也必须提高自身出击的精准度，从果蝇和蚜虫开始，了解自己的体形能够对付多大的猎物。许多年轻的螳螂学得不够快或者不够幸运，便只能饿死了。

受到惊吓时，大部分年轻的螳螂会挥动前臂，像练功夫那样，让自己看上去更大更吓人，以示威胁。许多幼虫还会像成虫那样伪装自己，但这种技能并不是所有若虫都能掌握的。第一龄的兰花螳螂若虫不像成虫那样是白色或粉色的花朵状，而是红黑相间的，可能是为了模仿一种长着有力的喙的有毒猎蝽。

但是，这种防御用的虚张声势的把戏在对付自己同类时就没有那么有效了。螳螂一般会攻击一切它们认为自己可以战胜的东西，其中包括它们的后代和同胞。所以年轻的螳螂散开得越快，撞上自己手足的可能性就越小。除此之外，它们成长得越快，就越有可能成为猎食者而不是猎物。

假如它们成功撑过了第一个 10 天，就需要找一个结实的地方将自己固定住，蜕皮后进入拥有更大体形的下一个虫龄。一些运气不好的若虫没走好蜕皮这一步，在此期间就死了。实际上，对于刚出生的昆虫而言，它们算是精明的了，但是仍然只有一小部分年轻的螳螂能侥幸活到下一个虫龄。假如它们真的撑过了第一次蜕皮时期，那真是历经艰险的一次重大胜利，也是它们迈向最终胜利的重要一步。

迈出生命中最重大的第一步

白颊黑雁的幼雁先跳崖，才能长大

不懂世间险恶，体格发育不完全，不能保护自己——大部分动物在出生后的一段时间里是最为脆弱的。而在地面筑巢的鸟类，如许多水鸟，它们刚出生的幼鸟又是其中最容易受伤的。当幼鸟的父母外出觅食时，它们便只能任凭当地掠食者摆布了。

你也许认为，像白颊黑雁那样，在夏季向北迁徙到位于北极的鸟巢就能避免这些麻烦。但即使在那里，也有不少鸟蛋和幼鸟的掠食者。即便那些体格相对较小的成年大雁能保护自己的幼鸟不受海鸥、渡鸦、贼鸥的伤害，它们也不是北极狐的对手。北极狐擅长潜入雁巢，将鸟蛋和幼鸟一起偷走。为了摆脱北极狐，白颊黑雁会选择在北极狐到达不了的峭壁上产卵。但北极狐身手敏捷，这迫使大雁要选择尽可能高的地点筑巢，有时甚至高于地面 200 米。

▶ 准备跃下

两只幼鸟跟随母亲到了崖边，它们的母亲在为它们寻找最佳起跳点。幼鸟如此依赖母亲，以至于追随母亲的强烈意愿压倒了它们自我保护的本能。不然，出于本能，它们绝不会选择跳崖的。

▶ 峭壁风光

下页 一个白颊黑雁家庭将巢筑在了最高的崖顶之一。它们的下一个目的地——河流和湖泊——在画面的背景中清晰可见。刚出生两天的幼鸟要落到脚下深处的崖底，爬过尖锐的岩石和卵石滩，然后再行走 3 千米到达河边。

假如父母选择了一个足够好的筑巢地点，并且能够保护好它们的 2~6 枚蛋，使大部分蛋能够免受严寒的侵袭，一些蛋就会被孵化，幼鸟们就能在安全的环境下认识这个世界。和其他许多鸟类不同，水鸟和猎禽不会在鸟巢中给幼鸟喂食。它们的幼鸟在出生后不久就能够短时地行走了，因此幼鸟会跟随成鸟一同进食。

在逍遥的一两天中，幼鸟大部分时间都在睡觉，依靠卵黄囊保温并为生长提供能量。此后它们愈发迫切地需要到达崖下的湖泊或河流中。但是，才两天大的幼鸟根本不能飞行，所以要从悬崖上下去只有一个办法——跳崖。那是父母们必须鼓励的信仰之跃，而它们会呼叫着鼓励幼鸟，告诉它们——出发的时候到了。

天生的自我保护意识告诉幼鸟们不要轻举妄动，但与此同时，本能催生出一种更加强烈的渴望：它们如此依赖母亲，以至于无法拒绝紧紧跟随母亲的步伐。父亲觉得时机到了，就会飞到悬崖下面的落脚处继续呼喊。当母亲加入后，幼鸟们会情不自禁地想要追上母亲。它们跟跟跄跄走到崖边，跳入空中，沿着崖壁垂直跌落。

▶ **大雁筑巢的悬崖**

图中为位于东格陵兰岛奥斯特谷的冰川谷和大雁筑巢的悬崖。白颊黑雁是群居动物，它们倾向于聚集在一起筑巢。世世代代的白颊黑雁都会回到这些悬崖上与从前的筑巢地相同的岩架上。

　　它们不会飞，但它们可以通过展平身体、张开蹼足、扇动翅膀来减缓下降的速度。是否能够存活，在很大程度上取决于它们能否控制身体、保持直立。它们较轻的体重和体下的绒毛使它们拥有了惊人的弹性，只要肚子先着地，就能缓冲冲击力。但假如幼鸟没有选好起跳的位置，其间遇上一阵大风或者撞上一块凸起的岩石，它就可能会翻跟斗，从而失去控制。也许有幼鸟能从这场灾难中生还，但是许多幼鸟会摔断脖子，或造成其他的致命伤，或是被卡在岩缝里。繁殖集群中只有大约三分之二的幼鸟能在坠落中存活下来，但它们残酷的命运远远没有结束。现在，这些晕头转向的幼鸟必须努力赶上它们的父母。父母们会呼叫幼鸟并在崖底搜寻，直到它们心满意足地认为自己召集齐了所有幸存的幼鸟。然后它们便开始了到水边的艰难跋涉，这可能会是一段漫长的旅程。即使小小的幼鸟体内的能量已经所剩无几了，它们仍然能够快速地在崎岖地带长途跋涉。但如今，它们不得不面对它们的头号天敌了。

　　幼鸟们跳崖引起的骚动引起了北极狐的注意。它们能远远地听见父母和幼鸟之间的召唤声。一旦北极狐在崖底发现了鸟妈妈和鸟爸爸的踪影，它们便知道幼鸟就在不远处了。狐狸们会跳到成鸟身上，无情地咬住它们。成鸟会试图反击，但实际上它们必须逃跑以免受伤。假如成鸟被吓跑了，狐狸会将幼鸟一只只叼走，填饱肚子。假如还有剩余，它们就会将剩下的食物埋起来，为此后的食物匮乏期做好准备。

北极狐能否找到幼鸟，取决于它们离幼鸟的距离，即是否能听到它们之间的召唤声。但随着越来越多的大雁离开鸟巢，北极狐们也愈发熟悉这一过程，幼鸟越来越难从它们手中逃脱了。

在崖上筑巢看起来像是一生中极不可行的、高风险的第一步。但是白颊黑雁很长寿，并且一对白颊黑雁夫妇一生都会忠于彼此，它们的繁殖行为也许会持续多年。所以只要每对白颊黑雁夫妇最终能将两只幼鸟养育到成年，它们的数量就能维持稳定。那些足够幸运的能在坠落过程中和北极狐口中存活下来的幼鸟，仍然要在前往水边的途中努力逃脱捕食它们的鸟类的魔爪。在能飞翔之前，它们都不能免受掠食者的威胁。但到目前为止，它们一生中最危险的阶段已经过去了。

▲ 幼鸟的命运

对页左　一只下坠的幼鸟从父母身边掠过。成鸟发出叫声鼓励自己的孩子往下跳，但它们无力帮助幼鸟着陆。

对页右　一只幼鸟头朝下垂直坠落。它必须努力纠正自己的姿势，以便减缓下降速度，并确保圆鼓鼓的肚子先着地。

左上　一只正在挖洞埋藏幼鸟的北极狐。常居在此的狐狸会将大部分吃剩的幼鸟埋起来，作为食物匮乏期的存粮。

右上　一窝到达了水边的白颊黑雁。尽管幼鸟们仍然无力对抗海鸥、贼鸥之类的掠食者，但它们至少能够逃进水里了。

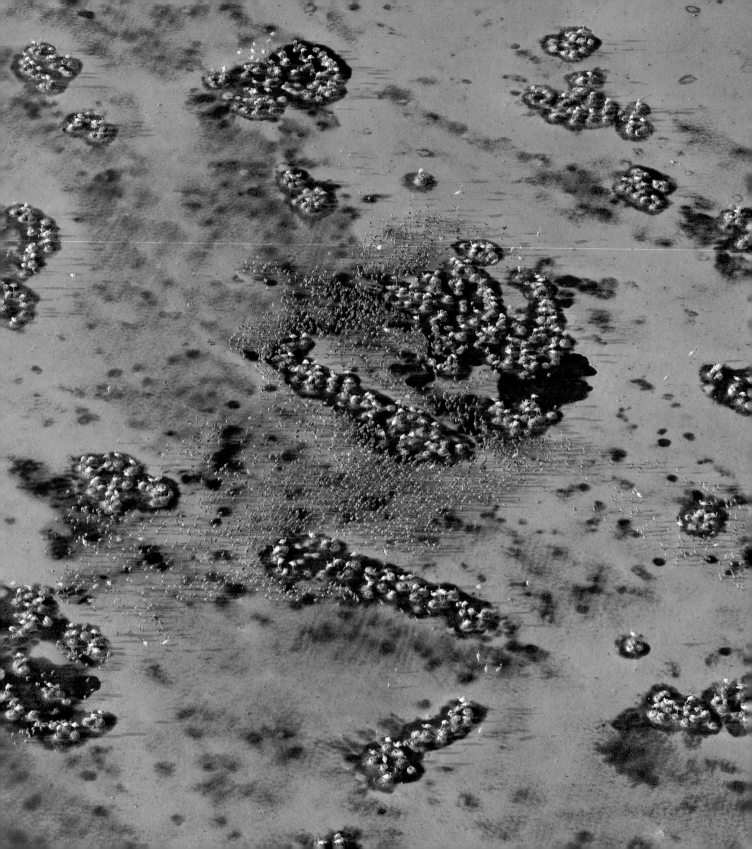

火烈鸟的火之洗礼

假如你生长于地狱之中，掠食者对你而言就不再是问题

对于刚出生的动物而言，从安全的鸟蛋或者卵巢里，到外部严峻的现实生活中，这一过程可能令它们感到颇为震撼，其中受到震撼最大的非小火烈鸟莫属。位于坦桑尼亚的纳特龙湖是东非 200 万只小火烈鸟唯一的成功的繁殖地，这里小火烈鸟的数量大约是全世界的四分之三。纳特龙湖不像是一个育儿室——这是一个巨大的湖，水很浅，很多时候其碱性与氨水一般高，基本上不适宜任何生命生存。因此，尽管这个让生命难以维系的环境给予了小火烈鸟最大的生存机会，但它们仍然面对着巨大的挑战。

在鸟蛋里生长了一个月后，小火烈鸟幼鸟开始出壳。在此期间，它的父母会用嘴巴温柔地为它梳理羽毛，鼓励它继续努力。鸟爸爸和鸟妈妈在幼鸟出生后的头几天都会陪伴在它身边。在此期间，幼鸟基本上什么都不用做，只需时不时抬头接受喂食，扇动它未发育完全的翅膀，不然就是在父母建造的锥形鸟巢里休息。它的父母建筑了这个鸟巢，让它处于碱水之上，位于微风之中。

纳特龙湖位于赤道附近，因此这里降水量极少，温度常常高达 45 摄氏度。所以成鸟的任务之一就是为幼鸟遮挡炙热的阳光。父母会轮班工作，交替履行遮阳和低头喂食的义务。

小火烈鸟是极度挑食的滤食性动物，它们只吃螺旋藻。螺旋藻是少数能在碱水中茁壮生长的生命形式之一。也正是因为它们，湖面才会形成红色和棕色的旋涡状图案。成鸟可消化螺旋藻，并将其转化为用于喂养幼鸟的嗉囊乳。尽管嗉囊乳被螺旋藻染成了血红色，它们和哺乳动物乳汁的蛋白质和脂肪含量却是相似的。同时，嗉囊乳也是幼鸟唯一的水源。

在破壳而出后的 4 天左右，幼鸟会一直待在锥形巢里，直到它们足够强壮，有能力从巢中爬出来探索周围的环境。含有苏打的泥巴堆积在它长长的鳞片状的腿上，形成坚硬的外壳。起初这并不怎么碍事，但是对某些幼鸟而言，却马上就会变成一个麻烦。一些幼鸟腿上集聚的泥巴会比其他幼鸟多，原因尚不清楚。这些泥巴会给它们的行动带来不便，成为它们的负担，使幼鸟变弱，甚至害死它们。

除此之外，这里还有难以预测的降雨。洪水退去后的"岛屿"上显露出了新

◄ **纳特龙湖（碱湖）育儿所**

这是一张航拍图片，展示了纳特龙湖内成年火烈鸟及其幼鸟的一个大繁殖群。在湖中央筑巢可以保护它们不受那些无法穿越碱水的陆地掠食者的侵害。红色部分是在碱性环境下茁壮生长的螺旋藻。

▲ 微型育儿所

　　一群只有几天大的幼鸟正在啄食落在锥形巢上的昆虫。尽管它们仍然是以父母的嗉囊乳为食，但它们会通过吃昆虫来补充营养。此时，它们已经可以和其他幼鸟一起玩耍了。

▶ 前往大育儿所

　　一群已经长出弯弯鸟喙的幼鸟出发前往开阔水域上的大育儿所。如今它们已经拥有了成熟的鸟喙，能够像它们的父母一样滤食同样的水藻了。

鲜、柔软的泥巴。成鸟们用这些泥巴建造锥形鸟巢。但有时降雨不止，就会破坏一整个群体的繁殖活动。如果水位太高，许多未孵化的鸟蛋就会被毁掉，刚刚出生的幼鸟也会被淹死。

　　但是总的来说，还是会有大量的幼鸟出生并存活下来，毕竟一个筑巢地里可能会有超过 50 万只成鸟。它们涌向纳特龙湖繁衍后代并非只是为了在那里捕食，在东非还有许多更加温和的碱湖可供它们捕食。火烈鸟之所以选择在纳特龙湖繁衍后代，是因为这个巨大的湖泊十分空旷，变幻莫测，并且具有腐蚀性，湖中央更是鬣狗、胡狼、狒狒等掠食者无法到达的地方。

　　但是它们没有办法避免来自空中的袭击。定期从湖面掠过的非洲秃鹳通常最先发现正在繁殖的火烈鸟，然后它们就会成为持续的威胁。它们飞跃鸟群，尽可能地掠夺幼鸟。成鸟竭尽全力扰乱秃鹳的进攻，进行防守。但即便火烈鸟站起来有 1 米高，它们仍然是非常脆弱的鸟类，很容易就会被打败。秃鹳只有

在吃得非常饱的情况下才会让步，但是那时它们大概已经抓走许多幼鸟了。

幸存的幼鸟要继续煎熬 3~5 周，在此期间，它们开始建造微型育儿所，减少了和父母在一起的时间。然后有一天，几只成鸟开始呼唤幼鸟，带领它们离开泥泞的筑巢地，前往深水区。从一个特定的筑巢地来的所有幼鸟依照破壳顺序，从大到小排列，一起加入出走大军。留在后面的就是那些太孱弱以至于无力跟随的幼鸟：它们可能营养不良，可能惨遭抛弃，也可能是腿上泥巴过多导致行走不便。这类幼鸟独自待在荒废的筑巢地，很快就会死去。

大部分幼鸟确实坚持到达了鸟群的其中一个育儿所，然后开始过上移动更加频繁的生活：成鸟轮流承担照顾幼鸟的责任，带领幼鸟们在湖中四处游逛，有时甚至把它们带离鸟巢 20 千米远，去喝散布在湖边的淡水泉水。成鸟每天都要返回育儿所去喂养它们的孩子。神奇的是，它们能从鸟群中认出自己的孩子，同时幼鸟也能分辨出父母的声音。

定期从湖面掠过的非洲秃鹳通常最先发现正在繁殖的火烈鸟，然后它们就会成为持续的威胁。它们飞跃鸟群，尽可能地掠夺幼鸟。

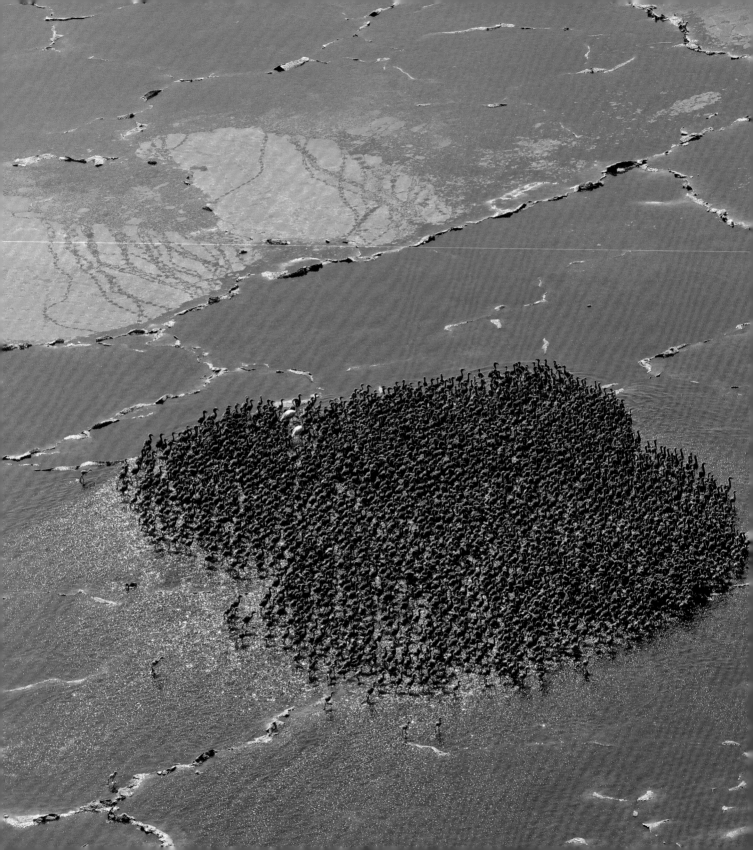

　　如今幼鸟已经足够大，不会再受到非洲秃鹳的伤害了。但是它们对淡水的需求又将它们带到了鬣狗和胡狼的攻击范围内。鬣狗和胡狼会在湖边觅食，还会冲入水中攻击育儿所。老鹰也开始攻击年幼的和年老的火烈鸟了。尽管会有许多火烈鸟在幼年时期死亡，但它们的育儿策略确保了足够多的幼鸟存活下来。仅一群火烈鸟的数量就高达 10 万只，在这种情况下，掠食者造成的损害微乎其微。

　　幼鸟们会在一起生活大概 11 周，直到它们发育中的鸟喙开始弯曲，它们就可以像成鸟一样捕食了。不久之后，等它们长出了主翼羽，它们就做好飞行的准备了。最终，它们可以飞离纳特龙湖，开始和鸟群一起飞往散布在东非大裂谷边的碱湖中寻找捕食的机会。

　　它们也许几年之内都不会返回纳特龙湖，直到准备开始生育自己的下一代。那时，火烈鸟们便会加入鸟群，飞回灼热的湖心，开始这个星球上最壮观的繁殖表演：同时起舞，直到找到伴侣，产下后代。

◀ **碱性育儿所**
　　一大群正在发育的幼鸟在纳特龙湖开阔的水域上捕食，只有几只成鸟在一旁看护。但是父母们每天都会来探望它们的孩子，为它们补充食物，带领它们去饮用淡水。

速效增肥食谱

为何座头鲸宝宝要将自己母亲的乳汁喝干

动物幼年时期的生长速度十分重要。它们块头越大，身体越壮，就越有能力保护自己，未来就越有能力争夺食物和社会地位。就拿出生在夏威夷的座头鲸来说，小鲸鱼们要从温暖的出生水域迁徙到北边位于阿拉斯加的寒冷的索饵场。要想在这场漫长的迁徙中存活下来，它们就必须尽快增加体重。作为这个星球上最大的动物之一，它们需要一套高强度的健身计划。

小鲸鱼最先要学习的便是如何在水下喝奶。它需要潜到母亲身下，轻轻地撞击母亲以刺激它露出一个乳头，然后小鲸鱼会将舌头卷成吸管状，使其在乳头周围形成一个密闭空间。香浓的乳汁内含 40%~50% 的脂肪，而一头新生的小鲸鱼一天可以喝掉惊人的 45 千克乳汁。但是作为要呼吸空气的哺乳动物，小鲸鱼在能够将所有这些热量用于生长之前，必须先适应水下生活。

年轻的小鲸鱼生活十分轻松，85% 的时间它都待在水面上或接近水面的地方。它会频繁地跃起换气，间或扇动鳍状肢和尾巴在水面旋转。这些剧烈的运动有助于增加它体内的肌红蛋白含量——这是一种对有效的屏息以及下潜至关重要的储氧蛋白。尽管在水面游动所需的能量多达水下所需的 6 倍，但有长期效益作为回报，因为剧烈运动能培养毅力，增强体力。

几周之后，小座头鲸便会进入较为安静的阶段，这让它和母亲都有了休息的时间。安全温暖的育儿水域无法为鲸鱼妈妈提供食物，所以它的能量储备十分有限。小鲸鱼体内的脂肪不断增加，鲸鱼妈妈体内的脂肪含量却在减少，因此鲸鱼妈妈需要尽可能多休息、多睡觉以便保存体力。小鲸鱼时而下潜 6~8 米，游到母亲身边休息；时而返回水面，待上两分钟左右，呼吸空气，绕着圈游泳。

如今小鲸鱼可以游得更深，潜得更久了。它经常和母亲一起行动，游到母亲的胸鳍上方。同时它还开始尝试用不同的方法游动和跃出水面。跃出水面不但是一项很好的运动，而且是小鲸鱼学习如何用视觉信号和声音信号沟通交流的方式。

在越来越放松的情况下，小鲸鱼可以将它饮用的大部分乳汁用于增重和长身体，为前往北边索饵场的 4 830 千米大迁徙做准备。它们要使自己尽可能变胖，以便顺利度过这段旅程，并且要有能力游得足够快，来摆脱途中杀人鲸的威胁。

▶ 与母同游

一头座头鲸宝宝在接近海面处玩耍，而它的母亲在一旁休息。小鲸鱼必须非常活跃，以便增强肌肉力量和潜水能力。反之，它的母亲则要尽量多休息，保存体力，因为母鲸无法在温暖却贫瘠的育儿水域里进食。

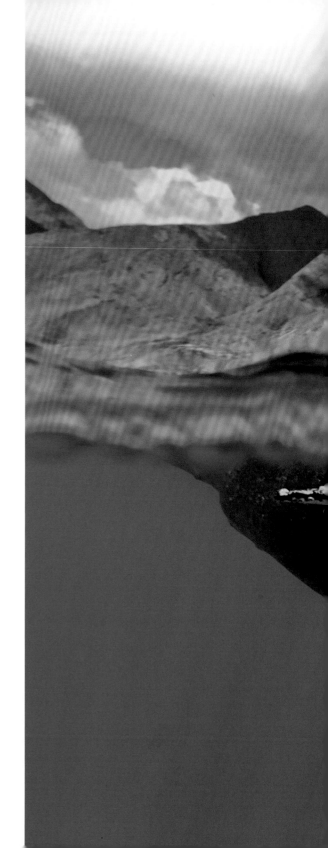

只有当小鲸鱼的体重最终翻了一番后，鲸鱼妈妈和小鲸鱼才能出发前往索饵场。

对于一位在出生地附近出没的母亲而言，食物短缺并不是唯一的麻烦。小鲸鱼成长阶段的高峰期正好是殷勤的雄鲸到达的时候。尽管还在产奶的雌性怀孕的可能性非常低，雄性依然会时常护送鲸鱼妈妈和小鲸鱼。而在敦促它们继续前进的过程中，雄鲸要耗费大量的体力。假如不止一个求爱者加入了护送队伍，那么情况就可能升级成一场火力全开的"热辣之旅"，在此期间，追求某头雌性的雄性数量可能多达15头。它们相互推搡碰撞，争夺地位。整个局面可能会变得火药味十足，任何被卷入争斗之中的小鲸鱼都会心力交瘁，并且容易受伤。

在繁殖期早早出生是最好的应对之策。繁殖活动于3月开始，在此之前早出生的小鲸鱼将拥有更多的时间成长。同时它们也能较早逃往北边的水域。随后出生的小鲸鱼们则要在重要的成长阶段花上更多的时间来对付雄性护卫们的干扰，因此它们的能力远远不足以完成迁徙。

▶ 学习游泳

一头小座头鲸紧跟在母亲身边，沿着夏威夷毛伊岛的岸边游泳。每年有大约 2 000 头座头鲸在夏威夷附近的水域成长。它们具体的出生地点仍然不为人知，但毛伊岛沿岸是地球上鲸鱼幼崽分布密度最高的地方。

但是，正如《生命的故事》摄制组所见，雄性座头鲸的到来并不总是有害的。

虎鲨在夏威夷十分常见。它们甚少以健康的小鲸鱼为目标，但它们会去追捕生病的、受伤的或是被抛弃的小鲸鱼。育儿水域里鲸鱼宝宝的死亡有超过半数都被认为是虎鲨造成的。在航拍座头鲸时，团队发现有一头受重伤的小鲸鱼正被虎鲨骚扰，而它的母亲正挣扎着想要牵制住虎鲨。最终小鲸鱼因雄鲸的到来而获救。雄鲸们喷出几串气泡环绕着小鲸鱼，赶跑了虎鲨，保护了小鲸鱼（但令人难过的是，可能这头小鲸鱼的伤势过于严重，它最终没能从这次攻击中幸存下来）。

雄性鲸鱼之间似乎存在紧密的合作关系，它们会通过拍击胸鳍和尾鳍召唤更多的鲸鱼来帮忙，或是用这种拍击声将鲨鱼吓跑。这一现象提醒了人们：座头鲸的社群性远比目前我们所了解的要复杂。

大约 80% 的小鲸鱼能成功到达北边的索饵场。一旦到了那里，由于母鲸产奶量上升，小鲸鱼的成长会更加迅速。当一头小鲸鱼长到 11 个月大时，它的体重已经是出生时体重的 6 倍了，身长也达到了 8 米左右。小鲸鱼做好了断奶的准备，如今它已经强壮到可以照顾自己并逐步进入"成人"世界了。

◀ 应付异性

一头雄性护卫在它追随的鲸鱼妈妈和小鲸鱼的身下喷出一串气泡。正在产奶的雌鲸生育的可能性极低，人们尚未充分了解为何雄鲸要追求它们。同时人们也尚未充分了解喷气泡的重要性，但雄鲸经常通过这种行为来展示力量、表明支配地位并发起进攻。

狮群的骄傲

在狮子的大家庭中，一头幼狮会受到母亲的照顾，
得到叔叔阿姨们的包容，并被父亲保护着

◀ 狮群动向

　　一头雄狮正对着一头处于防御状态的母狮及其孩子们咆哮。一个狮群中，雄性成员和雌性成员的关系可能会十分复杂。雌性需要依靠雄性来帮忙保护自己和孩子不受外来雄狮的侵犯。但是雌性们一般只服从于雄性头领，而较难容忍那些可能攻击自己孩子的其他雄狮。对于幼狮而言，学习狮群中的社会关系是它们成长的一部分。

　　相比大批量出生然后自生自灭的动物，那些在家庭中成长的动物，家庭生活的质量对其未来影响最大。一头幼狮能否长期生存下来，关键在于它所在的狮群是否强大和稳定。因为在残酷的狮子社会中，狮群是幼狮唯一的安全保障。但即使是在狮群之中，生活也不容易。

　　母狮们一胎一般会产下 1~4 头幼狮。刚出生的小狮子眼睛还没有睁开，极度脆弱。它们的母亲会将它们带离狮群，在一个隐蔽的狮穴中养育它们，避开其他的掠食者，以及避开时常试图杀死小狮子的野牛。只有在一个半月以后，当幼狮能够行动时，它们才会被带回狮群。

　　一个狮群中的雌性一般会同时生育，因此所有幼狮往往会在同一时间出生并且接受启蒙。和许多同父异母的兄弟姐妹们一起成长是有好处的。幼狮们的年龄相仿，这确保了它们能公平地分享食物，而不会被占优势的年长的同胞压制。许多幼狮一起出生也意味着在它们离开出生的狮群，开始尝试在"成人"世界站稳脚跟时，同性同胞可能形影不离，互相帮助。

　　育儿所位于狮群的中心，母亲们会协作照看幼狮，但也仅仅是一定程度上的协作。幼狮无法做到不加区别地饮用乳汁，因此通常情况下母亲们只会为自己的子女储存乳汁。母亲们一起照顾幼狮主要是出于防御目的。彼此合作的母亲们能更加有效地保护它们的孩子，抵抗外来的雄狮。

　　尽管母亲们往往会迁就那些不是自己亲生的幼狮的捣蛋行为，那些没有繁殖后代的狮群成员是否能同样宽容却是因"狮"而异的。一些阿姨可能嫉妒心更强，更加具有攻击性，而一些处于从属地位的单身雄狮很可能脾气暴躁。所以幼狮越早领会狮群中的社会关系越好。

　　也许对于一头幼狮来说，最重要的关系是它和父亲的关系。狮群中的雄性会为拥有自己基因的后代的生存而斗争，它们是保证幼狮安全的基础。外来的雄狮总是在找机会打败一个狮群中领头的一头或多头雄狮，然后占领狮群。如果成功了，它

一头年轻的小狮子正在研究它的父亲，这大概是它第一次这么做。幼狮们不会有很长时间和父亲待在一起，而雄狮也不能容忍它们顽皮的行为，但是它会让幼狮们和自己一起猎食，而后才允许雌狮进食。

们会试图杀死原先的雄狮留下的所有幼狮，并使雌性们重新开始发情。狮群中的新雄狮没有兴趣当继父，因此除非雌性带着自己的孩子逃跑，否则幼狮在劫难逃。

假如一头幼狮的父亲能够持续掌权，那么这头幼狮的童年生活就能得到大大改善。雄狮在捕猎和照看孩子这两方面的贡献很小，但它会频繁地去探望它的孩子，查看它们是否还活着，是否受到威胁。同时，它能允许自己的孩子在自己身边进食，却不能容忍雌性这么做（即便食物可能是雌性们猎来的，通常情况下也的确如此，但它们仍然必须等雄性吃完了才能进食）。对于幼狮们而言，最好的父亲是那些刚刚开始统治狮群的领袖：它可能正处于自己体能的巅峰时期，并且能在幼狮成长的过程中保持这一状态。此外，它在掌权后会和所有的雌狮交配，这样幼狮们也能享受到和大量同时出生的兄弟姐妹们一起长大的好处。

假如狮群很稳定，年轻的小狮子也能茁壮成长，两性之间的行为差异就会开始出现。

雌性幼狮们通常会更频繁地外出探险，也会更加忙于进行和捕猎有关的活动。雄性幼狮们则通常会与母亲跟得更紧，时间也更长，同时它们会将更多的时间花在打架上。同性玩伴之间形成的友谊和自然阶层是重要且持久的。雌性们会待在一起，在狮群中彼此合作；而雄性们时而合力出击，时而分头行动，尝试征服其他狮群。

在童年中幸存的幼狮们会把塑造了狮子世界"血腥与暴力"的文化继续传承下去。但是大部分幼狮并不能坚持到这一步。总共约有 80% 的小狮子会在两岁前死亡。其中一些仅仅因为运气不好，但是大部分的死亡都和它们的家庭缺陷有关。对于一头幼狮而言，狮群就是它的一切，学会在其中生存的速度越快，它就会生存得越好。

▼ 兄弟情谊

两头发育完全的幼狮正在玩耍。很快它们就必须离开出生的狮群外出闯荡了。拥有的同伴越多，它们生存下去的概率就越大。

▼ 嬉戏同游

下页 幼狮们躺在一棵金合欢树上纳凉。和年龄相仿的同胞们一起长大，为幼狮们提供了生命中最好的开端。

猫鼬的最后一课

学习如何除去蝎子尾部的毒刺

▲ 边看边学

一只年轻的小猫鼬看着一只照顾它的成年猫鼬抓住并杀死了一只蝎子，小猫鼬始终在一旁学习整个过程。它们期待能够在不被蝎子尾部的毒刺叮上一口的情况下吃到蝎子肉。

▶ 软磨硬泡

一只小猫鼬正在练习游说艺术。它正在向一只不是自己母亲的母猫鼬乞讨，希望它能被说服，就算没有其他东西，哪怕给自己一点乳汁也好。小猫鼬获得的食物越多，长得越快，也就越可能获得成功。

猫鼬幼崽出生在极度复杂的社交环境里。在出生后的头几周里，它们会由一群保姆照看着在地下成长。大约 2 周之后，它们的耳朵和眼睛会张开，3 周之后，它们便能出去和群内其他成年成员见面了。从这时起，幼崽们就要学习如何应对猫鼬的社交生活了。

在地面世界上的头几天是试验性的。小猫鼬们会待在地穴附近并时常返回地穴中。成年的群内成员会一直帮忙养育小猫鼬，而这些小猫鼬通常都是由领头的公猫鼬和母猫鼬生的。非繁殖期的母猫鼬同样也会为小猫鼬提供乳汁，并且还会分担照看小猫鼬的任务。其他成员会为小猫鼬们带回固体食物，帮助它们熟悉各种各样的沙漠食物。

猫鼬们住在非洲南部的干旱地带，那里食物短缺，且多为季节性的。它们主要以昆虫为食，也会吃蜘蛛、蝎子、蛇、青蛙、鸟蛋、植物、小型哺乳动物和鸟类等，但吃后两种的情况很罕见。弄清楚什么能吃以及能在哪里找到食物是小猫鼬成长过程中极为重要的一步。它们要学的东西很多，而小猫鼬从地穴里出来还没几天，导师们就会带领它们踏上第一次觅食之旅。

在旅途中，群内成员会分担喂养和保护小猫鼬的责任，不管它们之间有没有亲缘关系。体贴的成年猫鼬会用一连串嘶叫声来引导小猫鼬跟着自己，让它们观察自己如何捕食。起初，稚嫩的小猫鼬根本没有办法找到、辨认并加工自己的食物。它们采取的代替策略是苦苦哀求。它们不屈不挠的哀求声能够说服导师们拿出它们找到的食物。

精通游说艺术是获得一次成功的开始的关键。小猫鼬能够获取的食物数量决定了它的成长速度，继而会直接影响它的长期生存以及繁殖的成功率。因此，一段时间后，当小猫鼬们估计导师的耐心已经耗尽时，它们就得提升自己的技能，继续前进了。

随着小猫鼬们逐渐长大，导师们的喂食会越来越少。如今，对于一只小猫鼬而言，有能力辨别出哪些成年猫鼬最为仁慈，哪些成年猫鼬的乳汁最多是极为重要的。猫鼬导师有多擅长喂养小猫鼬要取决于许多因素，包括性别、年龄、

性格、激素水平、捕食能力等。

　　成年猫鼬为小猫鼬提供食物的意愿可能会发生剧烈变化，可一旦有成年猫鼬给少了，其他猫鼬就会做出补偿。假如一只小猫鼬能够辨别出这些变化，并且将目标放在乳汁最多的猫鼬身上，它就可以极大地增加自己的食物摄取量，大大提高自己的竞争力。

　　小猫鼬大约在 8 周的时候断奶，到了 12 周左右，导师们就不再喂养它们了。为了帮助它们为这一刻的到来做好准备，导师们试图教会它们如何照顾自己。起初，导师们完全通过做示范来进行指导，但随着小猫鼬能力的增强，导师们开始向它们展示要到哪里去搜寻不同种类的食物，并传授给它们处理食物的方式。获得每一种食物都需要不同的技巧。幼虫靠挖，蚂蚁可以直接从毛上舔下来，鸟蛋要砸碎了吃——所有这些都需要练习。耐心的导师们将新的食物种类展示给小猫鼬们看，然后帮助它们弄清楚该如何处理这些食物。

　　学习如何处理蝎子大概是其中最为独特的课程，同时这也是动物王国中最为聪明的主动式教学范例之一。

　　学习如何食用蝎子是一门多阶段的课程，因为蝎子们骁勇善战，非常危险。它们的一对螯足相当凶狠，钳起对手来毫不留情；还有它们尾部的毒刺，虽说对猫鼬而言不是致命的，但如果被叮上一口也会让它们痛不欲生。为了向小猫鼬们介绍这种脾气火暴的猎物，导师们必须循序渐进：先给它们不能动的蝎子，再逐步使用活蹦乱跳的蝎子。

　　最开始，毫无经验的小猫鼬们得到的是奄奄一息的蝎子，从而熟悉如何处理和食用它们。一旦接受训练的小猫鼬们通过了这个测试，它们就要开始接触螯足完整但没有毒刺的蝎子（蝎子的尾部被咬掉了）了。它们要练习用双爪击打蝎子、用牙齿咬住蝎子，同时还要躲避蝎子不停挥舞的一对螯足。在将此技能练得炉火纯青之前，它们免不了要尝试好几次，鼻子上也必定会被叮上几口。

　　最后，终极挑战的时刻到了。导师们会挖起并放出完好的蝎子，这样它们的学生就能尝试弄残并且杀死这些蝎子了。最初的几次尝试总是惊心动魄的。导师们一边要留心掠食者，一边还要做好干涉的准备，以防小猫鼬遇到麻烦。但大多数时候，小猫鼬最终都能把蝎子大卸八块，并且美餐一顿。

　　这是一场成年礼，每一只通过了这项仪式的小猫鼬都将踏上新的旅程。它们将成为种群内能够自给自足的、有价值的一员。

第 2 章

成　长

出生、成长、繁衍后代和死亡是所有动物都要经历的基本阶段，但是从年幼跨越到成熟的成长阶段却只有很少的动物能经历。像昆虫这样数量庞大、生存并不复杂且寿命短暂的动物成长就相当迅速。它们的行为大部分都出于本能，它们不需要依靠从经验中获益的日积月累的学习过程。但是寿命较长的动物，例如鸟类和哺乳类动物，通常会有这样的过渡时期，在此期间它们将会习得基本的生活技能。

▶ 学生和老师
　　年幼的卷尾猴近距离观察成年卷尾猴利用锤形石头在石砧上敲碎坚果。这是巴西皮奥伊的卷尾猴代代相传的惯用技术。

▲ 幼崽和母亲
　　前页　年幼的非洲豹在母亲的照管下研究镜头。幼豹年满一岁后，母亲就不会再容忍它的稚嫩，会强迫它自己去狩猎，变得独立。

成 长

在人类生活中，从幼年走向成熟的过渡期，我们称之为青春期。在这期间，我们变得独立而不依赖于父母，生理上也开始成熟。这是一段充满不确定性和探索的历程，是我们开始全新冒险的过程。对于任何野生的哺乳动物和鸟类来说，这段时间总是充满危险。也正是在这一时期，年幼者也许会和年长者甚至是同种类更有经验的成年动物相竞争。

通往独立的历程各不相同，但第一步通常都涉及分离。对于灵长类动物，这一步所需的时间可能会被延长，并且对父母和子女来说都相当痛苦。而鸟类变成熟的过渡期却普遍短暂。

父母养育时间越久，成长的阶段当然也就越久。寻找食物、躲避危险和社交互动等技能通常只能在失败和错误中习得。但大自然是无情的，一个最为简单的错误都可能要为之付出高昂的代价。所以父母的引导会给子女带来完全不同的结果。同时，对于社交型的物种来说，学习群体的规矩而避免被排除在外是非常重要的。被孤立不仅非常危险，甚至还会造成死亡。许多幼年动物为此和成年动物拥有不同的颜色或特征，以表明自己并没有性成熟，因此不会构成威胁，从而避免被捉弄或被赶走。

当迁徙、食物短缺或气候恶劣等艰难时期出现时，没有经验的物种就会死亡。对于哺乳动物和社交型的鸟类，个性也许在其生存中起到了重要的作用。传统观点认为大胆且爱冒险的会是成功者，但在哺乳动物中，研究表明更加谨慎的个体才能安然活过成长阶段。

为了增加自己度过过渡期的机会，一些"青少年"会形成非生殖群体，通过增加数量来弥补力量的不足。单身的群体就像是人类社会中的少年帮派，在如狮子等社交型物种的年轻雄性中是非常重要的，因为攻击性是开疆拓土和赢得伴侣过程中至关重要的因素。

复杂文化中的一些年轻者会从年长者的教导中获益。例如年轻的雄性大象，常常有成熟公牛的陪伴，它们之间不仅能够共享知识，公牛的存在还能够抑制年轻雄性大象性激素水平的提高，防止它们在学会一定的基础知识之前就在性方面变得过于争强好胜。

在特定的群体中，例如猫鼬和非洲野犬，年轻的雌性也许会留在家族中，向成年动物学习，同时也能帮助抚养幼崽。

至于寿命较长的动物，通往独立的道路给它们提供了时间以增加力量，它们将经历为领地和伙伴进行的竞争。经历了这一严格的选择进程之后，它们现在都已经能够在成年世界中立足，离最终目标更近了一步：繁殖，生生不息。

▶ 即将成熟，即将飞行
一只羽毛几近丰满的黑足信天翁正练习挥动翅膀准备起飞。它的父母在它开始长出成熟羽毛时离开了它，现在它已经快要能够飞行了。在它的初次飞行中，如果能够闯过离岸潜伏的鲨鱼这一关，它就有机会变得成熟——6年后回到海岛生殖繁衍。

最寒冷的成年礼

顺利的开始之后，北极狐的生活变得越来越艰难

一只北极狐幼崽很幸运地出生在短暂的夏季，起初的几个月生活得非常顺利。尽管一窝幼崽可能多达 18 只（哺乳食肉动物最庞大的一窝），它们也会有足够的夏季食物——这是旅鼠、地面筑巢鸟类和其他一些动物繁衍的高峰期，所以在起初的几个月中，兄弟姐妹之间的竞争并不激烈。但是食物充足的日子是短暂的。8 月末，夏天结束了。迁徙动物开始动身前往过冬的地方，天气渐寒，萧瑟时期渐渐来临。

为这一大家族提供食物，很快就成为父母沉重的负担，兄弟姐妹之间的竞争日益激烈。如果没有足够的食物，内部斗争就变得凶残，缺乏竞争力的幼崽很快就会死亡。在成长到 14 或 15 周时，存活下来的幼崽就会被迫离开家人，走进冰天雪地，开始独立的流浪生活。到这时候，幼崽们拥有了雪白的长长的皮毛，能够将它们掩藏在冰雪地里，高度隔冷的皮毛让它们能够容忍极度的严寒。

年轻的北极狐依靠毅力和智慧生存，为了寻找食物，它们比任何其他陆地动物都要行走得更远——5 个月中要行走超过 5 000 千米。北极狐越绝望，

◀ 即将来临的冰寒

寒冷的加拿大丘吉尔城，一只独孤的北极狐在仔细探听雪下旅鼠的动静。它过着孤独的生活，冬天也要保持活跃状态。但是缺乏食物和极度严寒意味着它只有 20% 的机会能够成功活过它的第一个严冬。

▶ 严寒披肩

一只年轻的北极狐在加拿大的冰封雪冻中小睡。它的双层皮毛帮助它在低至零下 50 摄氏度的严寒中存活。拥有这样的隔冷皮毛，睡在严寒之中会比花费精力挖洞藏身更有效。

它的食物范围就越广，它可以食用海藻、浆果，甚至是其他动物的粪便。许多北极狐渐渐形成了清除策略，它们在人类住处附近徘徊或者跟随北极熊清除北极熊杀死的猎物，猛冲过去偷取残羹。这是一段并不稳定的关系：北极熊会杀死并吃掉北极狐。

隆冬时节是最具考验的时刻。北极熊要冬眠，这断绝了北极狐的清除选择。此时气温降到了零下 50 摄氏度。北极狐幼崽可以数天不进食，忍耐过去，但只有三分之一的幼崽能够熬过一个普通的冬季。当气候变得极度严寒，年幼的北极狐会因为缺乏经验而陷入不利的境地。只要北极狐能够熬过第一年，第二年就有很大的机会能够存活下来。

▲ 冰冻盛宴

在阿拉斯加，一只年幼的北极狐撕下弓头鲸腭骨上最后一块肉。清除残余食物是大部分北极狐在冬天存活的办法。

◀ 寻找残羹冷炙

一群北极狐正在清除驯鹿遗骸。当获取食物需要竞争时，幼崽总会输给成年北极狐。

▼ 北极熊挖掘食物

下页 哈得孙湾，一只北极狐在睡着的北极熊周围寻找残羹冷炙。聪明的北极狐通常动作迅速而不会轻易被捉住。

沉没或飞行

鲨鱼教会信天翁翅膀的用途

步入成熟的过程对动物来说常常是改变最大的阶段，它们必须离开舒适的家和父母的照料，学会生存的必要技能。对于一些动物来说，这是一个缓慢的过渡过程，而对另一些来说则是突然的。很少有动物经历这个突变的过程比羽毛初长的黑足信天翁更为激烈。

每年2月，夏威夷群岛中偏远的一群小岛弗伦奇弗里盖特沙洲上，约有20 000只幼鸟出生。它们在出生后起初的4个月中，就像是生活在天堂。在这样与世隔绝的小岛中，没有陆地捕食者。所以它们可以用4个多月的时间在海边的鸟巢中慵懒地生活，狼吞虎咽地吃下父母反刍的鱼肉来增加力量。

在6月末的某天，毫无预兆，成鸟起身出海，再也不会回来。一开始，这些被遗弃的幼鸟就待在巢中，困惑父母为什么消失不见了。但最终，饥饿迫使它们开始行动。陆地上没有任何可食用的食物，是时候离开它们安逸的岛屿，去太平洋探险了。突然之间，这些定居、养尊处优的幼鸟们不得不变成飞行员、航海家和猎人。

对于这些幼鸟来说，飞行总是自然而然的，但却不是立刻就能会的。幼鸟们一只接一只，本能地开始张开它们1米长的翅膀，对抗微风，练习扇动，为初次飞行做准备。这些幼鸟们迫切地希望学习，但动作依旧不协调，很笨拙。它们还达不到成年信天翁的体形，却的确超过了3千克，飞入空中是最难的部分。一开始的数次尝试会获得不同程度的成功。一些幼鸟毫不费力就能扇动翅膀，但大部分幼鸟很难飞离地面，直至被岛上猛烈的侧风推倒。

最终几乎所有的幼鸟都能飞入空中，但是在习惯于对飞行的掌控和飞行带来的兴奋之前，大部分幼鸟都无法飞远。它们会在浅滩中紧急降落，在第二次尝试前，必须让自己恢复镇定。

这个过程需要一点时间，也有着一点紧迫感。毕竟这些幼鸟从没体验过大海。在水中挣扎同样也需要适应，但比飞行要简单，在浅滩

▲ 飞行的挑战

一只幸运的幼鸟成功地从一头入侵的虎鲨身边逃走。那些仍在岸边的幼鸟似乎没有意识到危险。当它们起飞时，大部分会在浅滩被迫着陆。幸运的将能在着陆前成功飞入较远的海中、不容易被攻击的地方。

中划行也更加放松，但最好也不要久留。

每年虎鲨会在这时候趁着幼鸟学飞的过程聚集到这片海域。这些庞大强悍的鲨鱼会在莱桑岛至中途岛这片区域捕食这些幼鸟，但在弗伦奇弗里盖特沙洲捕食会变得更加容易。蓝绿色的海水中，深色的阴影若隐若现，三角鳍穿过波浪。但是信天翁并没有意识到危险，突然，一头虎鲨冲向其中一只，抬起头将满是锯齿状牙齿的大口伸出水面。

一些鲨鱼可以十分精准地击中目标，一次快速地移动就将幼鸟拖入水中。但是大部分的攻击并没有如此精准。就好像是试图用牙咬住悬挂的苹果，特别是鲨鱼浮出水面时会造成弓形波，会把信天翁推出其可及范围。通常，绝望的挣扎从鲨鱼试图将牙齿刺入猎物开始，幼鸟扇动翅膀，啄向攻击者的鼻子和眼睛。

危在旦夕。如果信天翁受了伤，或者它的羽毛浸满了水，通常就会死于连续不断的攻击。但是幸运的幼鸟能够幸免于难，在从水中起飞的过程中探索。

没有什么会比鲨鱼在脚边猛咬更能激励幼鸟起飞了。蹼足猛烈地划动，

翅膀猛力地扇动，受到惊吓的信天翁终于推动自己飞入空中。这是对于成鸟世界真实生活的全然展示。

很多刚会飞行的幼鸟的命运都是依靠机遇，但是早些离开鸟巢是有着相当大的好处的。幼鸟长羽毛的时间越久，被鲨鱼吃掉的概率越大。越来越多的信天翁被撞入海水中，鲨鱼开始提高它们的本领，在幼鸟学飞时节末期，鲨鱼几乎不会失手。然而那些在巢中等待飞翔的年幼的信天翁似乎不会在观察中学习。留在海滩的幼鸟目睹了同伴遭受的可怕袭击，但却完全没表现出自己意识到了危险。

这可以被认为是残酷的大屠杀，但只有10%的幼鸟死于鲨鱼的袭击。每年更多的幼鸟死于海洋塑料污染。好心的父母给幼鸟喂食了误以为是食物的塑料品。难以消化的物质在幼鸟胃部集聚，误食过多的塑料后，幼鸟就会死去。

至于那些最终能够控制翅膀飞行的幼鸟，生活也永远不会完全一样。年幼的信天翁将会用3年的时间飞越大海，绝不着陆，只有这么做之后，它们才会回到出生地，繁育新一代。

▲ 突然袭击

一只刚刚学会飞的信天翁在虎鲨冲它张开血口时后退。鲨鱼必须判断它的攻击是否恰好能将嘴对准在水面晃动的信天翁。信天翁会反击，啄鲨鱼的眼睛。如果袭击失败，它会有机会在鲨鱼再次袭击前尝试从水里起飞。

青少年时期的老虎生存很艰难

生存不仅意味着学会如何猎食，也意味着如何避免和其他老虎冲突，这和人类一样

▲ 虎妈妈和幼兽

坎卡提和3个孩子中的2个，后面跟着《生命的故事》的摄制组。通过在一场战斗中失去的一只眼睛能很容易辨认出它来。它是班达迦国家公园中最有名的雌虎。

▶ 两只幼虎互相击掌

坎卡提的两个孩子在7个月大时互相打斗着玩儿。玩耍能够培养狩猎和战斗技能，并能建立兄弟姐妹间的等级制度。

老虎是亚洲顶尖掠食者，但只有少数老虎能够在争斗中存活下来，并最终称霸一方领地。出生后的一年半内，如果老虎幼兽的母亲是拥有足够技巧的狩猎者，能够养育自己的家人；如果它的父亲能够守护好自己的领地，那它会活得相当舒适。但是当面对需要独立的时刻时，生活很快就会变得复杂，就像坎卡提的幼兽的故事一样。

《生命的故事》摄制组跟拍了印度中部班达迦国家公园3只老虎幼兽的命运，那是两个小姐妹和一个弟弟。坎卡提，第一次做母亲的雌虎，在和另一只雌虎争夺领地的过程中失去了一只眼睛，这对幼兽的未来并不那么有利。但很快，坎卡提显示出养育子女的决心，胜过了弥补视力受损缺陷的决心。摄制组在幼兽7个月大时离开，那时它们很健康，爱嬉戏。

摄制组一年后回到那里拍摄它们，发现3只幼兽几乎长成了成年老虎的体格，正准备开始独立的历程。也许是因为它们母亲的伤残使得狩猎喂食4只老虎变得艰难，分离的过程要比一般的老虎来得稍早一些，但似乎一切都很顺利。

接近成年的老虎变成熟的历程很漫长。它必须磨炼自己的狩猎技能，应对兄弟姐妹间不断增加的竞争，最终建立自己的领地。雌虎开始和母亲直接竞争，常常比兄弟更早开始狩猎和搜寻自己的领地。而雄性幼兽常常和母亲待在一起，依靠它获得食物，尽可能长大变强壮，这样才能打败其他雄虎保护自己。

即使是在到处都是猎物的丛林的保护区，学会狩猎也是一种挑战。因为有着邻里互助的系统，白斑鹿、水鹿、野猪、叶猴和孔雀会响应彼此的警报信号，年幼的老虎几乎不可能轻易猎食。如果它能够悄悄爬到

▲ 第一次猎杀

技术最为娴熟的年幼雌虎杀死了一只猴子。起初它会分享它的猎物，但饥饿在兄弟姐妹间造成了冲突。为了抓住鹿和野猪，幼兽们需要练习潜行和突袭技巧，但新来的雄虎毁灭了一切，杀死了它们中的两只。

一个位置设下埋伏，也需要完美的时机。老虎拥有骄人的短距离加速能力，但它们缺乏速度和持久力。如果它们袭击得太早，被猎食的动物就能轻易逃走；但如果它们稍微等得久一些，它们的伪装就会暴露。对坎卡提的子女来说，增强它们的本领是一个令人沮丧的过程。但两只雌虎幼兽中的一只比另一只进步稍快，它在 19 个月大时，完成了第一次猎杀。

只要有足够的储备和母亲的帮助，大部分年轻的老虎都能够掌握狩猎的艺术，但是建立自己的领地就不那么容易了。一只雌虎也许能够允许它的后代近距离居住，但如果开始为食物竞争就会引起冲突。对雄虎来说情况就更糟了，它们需要相当于 7 只雌虎领地的范围。父亲只能允许成年的儿子在它的领地里待很短的时间，随后就会逼迫它们离开。之后它们就会低调地待在其他领地周围。

在现在的印度，幼虎为空间的争斗因为缺乏合适的栖息地而变得更加激烈。在少数保护区之外，只有很少的空间能够让幼虎生存。有些幼虎通过狩猎家畜生存，但它们迟早都会被偷猎者、农民或车辆杀死。

对于坎卡提的 3 个孩子，离开的需求更早来临，因为它们的父亲，这一区域的雄性统治者，被新的雄性入侵者打败了。一旦新的雄性占领领地，它会先做两件事情：和雌性交配以及铲除非它之子的幼兽。知道自己的幼兽处在危险中，坎卡提将它们留在了它领地边缘的浓密矮树中，用交配作借口尽可能将新的雄虎引诱远离。

尽管坎卡提的策略成功了，但 3 只毫无经验的幼兽现在只能自己照顾自己。最有本领的雌性偷袭猎杀成功，但它变得不再乐意分享。饥饿和不平等制造出紧张气氛，玩耍般的打闹很快升级为更严肃的斗争。幼兽挣扎求生，在季风季节前温度激增到 46~47 摄氏度时，它们变得消瘦并且更容易筋疲力尽。

一天早晨，公园护理员发现了一只死去的老虎，随后确认是那只在猎杀方面很有前途的雌性幼兽。它的后肢有一部分被咬噬，证明了它是被另一只老虎杀死的，很有可能凶手就是新来的雄性。

摄制组回到英国，心怀悲伤，因为他们跟拍了那么久的幼兽就这么死亡了，而另外两只依旧活着的幼兽还处在岌岌可危的境地。它们见证了顶级捕食者走上独立和权力之路的争斗。两个月后，另一只雌虎被发现已经死亡。再一次，新来的雄虎成为最大的嫌犯。现在唯一活着的幼兽将独自面临生死未卜的未来。

目前它还活着，在母亲的领地里狩猎。但坎卡提现在有了新的幼兽，很快它就很有可能会将它年长的幼兽赶出自己的狩猎区。因为公园由围栏围住，它能够在不和其他雄性或人类冲突的情况下找到自己足够大的领地，还是将在公园范围之外流浪，我们拭目以待。

▲ 幸存者

巴拉，坎卡提幸存的幼兽。它的兄妹都被杀死了，凶手可能就是新来的雄虎。当老虎受限于公园之内，冲突是不可避免的。

▼ 和它年轻的阿姨

下页 巴拉的表姨，另一只年轻的老虎试图寻找领地。它很快就会和人类起冲突。

如暴徒一样成长

被成年者遗弃，少年钱宁秃鼻鸦只能彼此依靠

▲ 夏季景色

条纹卡拉鹰坐享丰富的食物资源——在马尔维纳斯群岛博谢讷的信天翁繁殖聚居地。在夏天，它们有蛋和幼鸟可以偷取，有死鸟可以掠食。但在冬天，当聚居地被遗弃，卡拉鹰必须勉强维生。

▶ 艰难一课

幼年卡拉鹰在一堆成年鹰中勉强摆出顺从的姿态。领主将会怀有敌意地教训被它们抓住的擅自闯入它们领地的幼年鹰，即使是它们自己的子女。

饱受暴风雨猛击的马尔维纳斯群岛的外围居住着世界上数量最多的条纹卡拉鹰。这是一种足智多谋的猛禽，因强烈的好奇心和淘气的天性，当地人称其为钱宁秃鼻鸦或是飞行恶魔。它拥有强大的武器，和猎鹰有亲缘关系，但其带有机会主义的举动更像是乌鸦家族的行为。实际上条纹卡拉鹰被认为是食肉鸟类中最机智的一种。

在比普通卡拉鹰栖息地还要往南约 1 000 千米的地方，这种强硬的鸟依靠它的敏锐和机智存活在极其险恶的亚南极环境中。这样的生存条件对于幼鹰开始独立的生活来说是非常严酷的。

幼年条纹卡拉鹰尽情享用着父母从附近带回的大量的信天翁和筑巢的企鹅。但一旦它们开始羽毛丰满准备飞行，大约在 5 个月大时，幼年鹰就会被赶出鸟巢，并被严厉阻止回到家中。这是最糟糕的时刻了。在这偏远的南方，夏天很短暂，黑暗冗长的冰寒月份来临了，繁育海鸟的聚居地分散开来。

幼年卡拉鹰缺乏经验，还要和体形更大、力量更强的成年卡拉鹰直接竞争，它们孤立无援，很难有机会存活下来。所以它们形成群体，利用群体力量。食物很缺乏，但是一群年轻的幼鸟变成了一个群体，能够获得进食的机会。鸟群从一个海岸到另一个海岸，只留下一片浩劫。

这些不同性别的群体可以包含 40 只鹰，每只都有着强烈的好奇心和自信心，这种好奇心和自信心通过团体思维而被放大。它们战术灵活，利用一切条件，以腐肉为食，攻击海豹，挖掘蚯蚓，推翻石头甚至在潮地中钓鱼。这群乌合之众会利用每一个机会，无愧于残暴的钱宁秃鼻鸦的名声，充满好奇地在人类周围探索。它们还有偷取红色物品例如红色衣服的嗜好，这也许是因为它们良好的视力使它们习惯了肉类的颜色。但是攻击马尔维纳斯群岛的羔羊和屠弱绵羊的习惯让它们获得了恶名，使得它们被当地居民捕猎。现在在孤立的岛屿上只存活着 500 对成年卡拉鹰。

年幼的卡拉鹰学习能力很强，随着自信心的逐渐增强，这群幼鸟组成的群体的活动变得更有计划、更有效率。尽管漫长而缺乏食物的冬天会造成大

量的死亡，夏天终会再次归来，幸存的卡拉鹰会捕食聚集到马尔维纳斯群岛开始繁殖的数百万的海鸟。卡拉鹰幼鸟群体袭击企鹅和信天翁聚居地，欺负成年鸟儿，抢掠幼鸟和鸟蛋，以及任何它们能找到的食物。

但是具有领地意识的成年鹰控制了接近聚居地的通路，即使这会伤害它们自己的后代。任何少年卡拉鹰被发现擅闯领地，都会受到痛击。不过鸟群也可能获得成功，当成年鹰追逐一两只少年卡拉鹰时，其他幼年卡拉鹰就可以冲进领地掠夺鸟巢。尽管其中一些卡拉鹰必须为了团队而遭受成年鹰的攻击，但这样利用数量取胜是它们获得成功的策略。

然而像暴徒一样的生活也有着自身的缺点。因为必要性而组成的小社团少有利他行为。伴随着啄食顺序和权力的斗争，出现了等级分层结构。

幼年卡拉鹰缺乏经验，还要和体形更大、力量更强的成年卡拉鹰直接竞争，它们孤立无援，很难有机会存活下来。

长期在群体中生存的成员，会挑选新加入的卡拉鹰，将弱小的个体驱逐至外围。最狼狈不堪的鸟很难加入其中，失去了群体的保护，它们会很快死亡。尽管因为群体的出现，生存率提高了，但也只有5%的条纹卡拉鹰能够存活到5岁成熟之时。

如果少年鹰活到4岁，它将会升级成为占统治地位的地主之一。在第5年，它将会长出成年的羽翼，最终离开群体生活。现在它的目标是寻找一位终身伴侣，安居下来，尽可能多地繁衍后代。它的第一场战斗就是获得自己的领地，所以这一次，不管是雌性卡拉鹰还是雄性卡拉鹰，都必须独自战斗。

▲ 空中景色

一群少年卡拉鹰在海鸟聚居地上空翱翔，寻找狩猎或掠夺食物的机会。一群鹰也许能够制服较大体形的动物，甚至是家畜。

◀ 群体

一群少年卡拉鹰在海岸边搜索食物。这样的群体成员可能多达30只，足够掠夺成年卡拉鹰的领地。但在团队中也存在着欺凌和持续的权力斗争。

大脑如何比骨头更好

年幼的章鱼得学会所有的技能

许多动物到早期成年期时会继续增长力量和提高技能，以便能够有效地寻找领地或者伴侣，或二者兼而有之。对于一些动物来说，这个阶段非常短暂，但是对于另外一些动物来说，这个阶段则是它们生命中最漫长、最危险的时期。

孵化后长大到能够捕捉到比海水表面小小的浮游生物要大的动物时，章鱼的青春期就正式开始了。它沉到海水底层，从此刻开始，它生活的主要任务就是强壮身体，直到它长到适合交配的尺寸。

大部分章鱼的寿命非常短暂并且只能繁衍一次。实际上，交配行为会导致大部分章鱼的死亡：雌性章鱼停止进食，存活至产卵，而在此期间雄性章鱼的身体状况慢慢恶化，1~2个月后则会死亡。因为只有一次机会遗传它们的基因，所以获得最佳繁衍条件是至关重要的。不管是对抗竞争者的需要，还是为了制造更多的卵，对于章鱼来说，都是体形越大越好。

多亏了它们非常快速的新陈代谢能力，章鱼可以将吃下食物的60%都转变成体重，每天以5%的速度增加体重。有些种类的章鱼甚至可以在短短数月内增加30倍的体重。为了达到这样的速度，章鱼必须将大量的时间用于捕捉蟹类和其他甲壳类动物，这就意味着它们要外出暴露在阳光下。但是因为没有骨头或甲壳，章鱼对于很多其他海洋动物来说是柔软的目标和丰富的蛋白质。所以成长中的章鱼的生存面临着很大的压力，它们既要一直不断地捕猎食物，又要时刻提防天敌。解决办法就是通过智力、灵活性和可以改变颜色的皮肤来伪装自己。

◀ 走高跷

年幼的椰子章鱼用两条强劲的触手行走。在海底行进较长距离时，它学会了用行走代替游泳——对于章鱼来说，这是一种更为有效的运动方式。

所有的章鱼都是伪装大师，能够改变外形、颜色甚至是肌理。不论是珊瑚、岩石、沙子还是海藻，章鱼几乎是立刻就能混合进这样的背景中。天章鱼当然是精通伪装的艺术家，但是有时它会采用更加"厚颜无耻"的办法。它显示的颜色、条纹和斑点令人吃惊，会让捕食者困惑或焦虑，它便争取到足够多的时间逃走。

其他章鱼将这种"大隐隐于市"的原则运用到了极致。拟态章鱼选择高能见度的黑白条纹，把它长长的触手旋转围成圈，迈着几近迷幻的步伐，因此会迷惑潜在的袭击者，这显示出无骨动物的一个优势。

当受到威胁时，藻章鱼可以把6条触手"卷曲"成一团藻类的造型，然后利用另外两只触手踮脚离开。拟态章鱼的举动更引人注目。它控制有条纹的身体摆出一种外形或姿势，看起来像模仿有毒的具有攻击性的海洋生物，例如海蛇和狮子鱼。它是否会根据不同的威胁而有不同拟态，这一点尚不明确，但是它肯定是可以根据不同类型的捕食者改变自己的行为的。

如果章鱼陷入了非常微妙的情况，它也许会喷射墨汁，在敌人面前造成障碍，然后以喷气推进式的方式快速逃离。但有些章鱼会使用非常极端的办法。它们会割断一条触手，让触手留在原地蠕动，利用被割断的触手来分散捕食者的注意力，争取足够的时间逃走。失去触手总比失去生命要好。

也许最令人惊讶的策略就是椰子章鱼的了。在动身去捕食前，它会寻找贝壳或被人类抛弃的一分为二的椰子，最好是一对。它用触手握住壳，用它的吸管喷射水，将椰子壳清洗干净。随后它躲藏在其中，紧紧抓住壳，用两条较硬的触手以"踩高跷"的方式行走。

当椰子章鱼最终发现猎物时，它会抛弃壳，转换成打猎模式。但是如果危险迫近，它会迅速抓住藏身壳，

利用它敏捷的吸盘触手将它们拉在一起，在柔软的身体周围形成球形堡垒。如果不幸只找到一个壳，它就会躲在壳的下面。

通常椰子章鱼在躲藏时会保持静止，但是偶尔它会重压椰子壳，借此滚动远离危险。最后它会用一只眼睛从壳中向外瞄，查看危险是否已经过去，如果危险已过，它就会收起壳，利用两条触手离开。

这般了不起的行为被认为是无脊椎动物利用工具的唯一真实的例子。椰子章鱼不仅是利用物体躲藏，它还会挑选、操纵和储存合适的壳。

成长中的章鱼既是易受攻击的猎物，又是邪恶的捕食者，它们利用卓越的智力和独特的适应性努力生存。是否进入成熟期是由体形大小决定的，体形大的雄性既能赢得雌性的芳心，也能守护其不被其他雄性吸引；至于雌性章鱼，它只有足够大才能在产出一大

簇卵后保护它们——同时不进食——直到小章鱼孵化出来，能够离开巢穴开始自己的成长过程。

▲ 壳工艺

对页左 一只椰子章鱼，利用虹吸管喷水清理新挑选出的成对椰子壳中的泥沙。

对页右 带着新壳"高跷"行走。不管去哪里，都会随身携带着保护壳。

左上 在家中休息，食用螃蟹。外出狩猎时，用壳来隐藏自己。

右上 感觉到威胁，章鱼会利用吸盘把壳拉在身边做防卫，还会改变颜色来帮助伪装。

筑亭学的博士学位

需要花费 6 年时间辛苦工作才能拥有吸引异性的资格

▲ **年幼的蓝眼睛**

年幼雄性缎蓝亭鸟在研究建筑大师的成果。它看起来像是雌鸟，所以雄性亭子建筑师才允许它研究。雌鸟和雄鸟都有蓝色的眼睛，带着紫粉色，但是雄鸟在 5 岁时才会长出黑色的羽毛和黄色的喙。

▶ **最后的工作**

一个雄伟亭子的"台阶"，可以用来唱歌和站立，有着蓝色的装饰，以便吸引雌鸟。曾经只有花朵和羽毛才会被用来做装饰，但现在，塑料也常常会被拿来做装饰。

年幼的雄性亭鸟表现得好像成年亭鸟一样时，不仅要简单地照料自己，还必须掌握自己种族的文化和规则。实际上它青春期的所有时间都要用来完善精致的艺术形式。

20 种不同种类的雄性亭鸟都要建造装饰亭，主要是为了吸引雌鸟。吸引异性的能力主要是由创造能力来决定的。艺术品完成度越高，雄鸟交配成功的概率越大。尽管创造的潜力和动力是遗传而得的，但要想成为建筑大师却只能通过学习和模仿，学徒时间也许需要 6 年。年长的亭鸟精通自己的专业，变成导师，允许年轻的鸟儿来学习和模仿它们的技术，在旁边练习。

这种奇妙的关系最常在澳大利亚东部的缎蓝亭鸟中看到。它们的交配季节从 10 月持续到来年的 1 月，雄鸟会在这之前用数月的时间做准备。早至 6 月，建筑大师就会开始从桉树上和热带雨林栖息地挑选收集材料，这样它就能在重要日子来临之前建造出漂亮的亭子。它首先会在森林的地面上清理出一片圆形的区域。然后开始建造两面拱形的细枝墙壁，形成一个大约 35 厘米高、45 厘米长的"林荫道"——总是以南北为主轴——通向亭子。它的学徒全程都在专注地学习。

这种师徒间的关系极为牢靠，双方都可能坚持数年。但对其他鸟儿来说，这样的安排太松散了，年轻的雄鸟也许还会穿越树林去拜访数个已完工的亭子建造者，获得有关风格的建议。第一年时，学徒也许只是旁观，也许偶尔会捡些细枝。学习完的结果各不相同，有些年幼的鸟儿很快就能成为能手，有些则需要很长时间，小部分鸟儿从没有进步，难以建造出出色的或是能吸引同类鸟儿注意的亭子。这也许是因为和学习一样，建造和装饰都需要天分，有些鸟儿真的没有天分。第三季或第四季时，学徒——如果它一直在用心学习——就能够开始建造亭子，虽然建出的亭子很糟糕。在此刻，它就准备好开始下一步：学习装饰。但是搞清楚用什么来做装饰，

▲ 学徒

　　在昆士兰阿瑟顿高地长着雌性羽翼的年轻雄鸟查看成年雄鸟的亭子。它将用约7年时间完善自己的建亭技巧，通过努力模仿成年雄鸟的作品来习得技能。

▶ 大师

　　雄鸟将一根木棍添加到同一个亭子上（见左图）。它将亭子建在远离人类居住区的地方，利用自然物体来装饰，并在繁殖季节精心照料。

去哪里找到装饰物以及如何在亭子周围摆放它们是需要时间的。

　　每种亭鸟都有对装饰的独特品位。除了利用黄色的木棍和白色的蜗牛壳之外，缎蓝亭鸟还喜欢鲜蓝色的装饰品。在澳大利亚的树丛中找到羽毛、浆果这一类天然的蓝色物品曾经是很困难的事情，但现在，瓶盖、吸管、玩具等物品，为鸟儿提供了充裕的资源。充裕的资源让雄鸟能够肆意发挥它们的创意。曾经不起眼的蓝色和黄色的组合物，现在被生动的塑料宫殿所代替，宫殿的材料来自于经常光顾它们森林之家的人类遗留下的废物。只不过艺术水平提高后，年轻的雄鸟就有了更高的标准。学徒最终也会不经意地帮助装饰导师的亭子。学徒努力为自己的亭子寻找合适的装饰品，导师跳过来偷走最好的物品。外出归来的学徒常常会显得有点困惑，但它们似乎从不反抗导师的偷窃行为。

　　这些艺术作品不仅是动物王国最非凡的艺术品之一，也是雄性展示自

我风采的舞台。一旦它吸引了雌性的注意，就会开始跳起奇异的舞蹈，当场昂首阔步地用鸟喙向雌鸟展示珍贵的装饰物，发出呼呼的声音配合舞步，增加魅力。但这样艺术性的表演需要练习，年轻的雄鸟需要很长时间才会有机会在观众面前表演。

　　直到年轻雄鸟的第 7 个繁殖季节，它的羽毛终于拥有了蓝黑色的光泽，长出橄榄绿色的羽翼，像雌鸟的一样。实际上，这似乎会刺激导师进入展示模式。导师会在学徒面前跳舞，就好像学徒是雌鸟一样。这样的情形促成了大师的排演，而少年鸟儿则全神贯注地学习舞步。

　　尽管学徒非常有用，但导师也不会容忍它们太久。随着繁殖季节的临近，雌鸟开始展示出对亭子的兴趣，学徒要么会变成碍事者，要么会因为年龄大了而成为竞争者。大师摧毁练习亭、掠夺材料只是时间早晚的问题。经历连续数个建筑季，学徒容忍这样严厉的待遇，寻求指导，直到第 6 年后，它们自己也成为艺术家，开始步入竞争、赢得伴侣的时期。

　　学徒努力为自己的亭子寻找合适的装饰品，导师跳过来偷走最好的物品。

永不停歇的蜂鸟

当你离开巢穴，生命就是一次永不停止挥翼的旅程

对一只年轻蜂鸟来说，压力在于快速地成长，达到成年体形，照料自己。但是当它飞离鸟巢，生活仍然充满挑战，少有动物会拥有像盘尾蜂鸟那样严苛的成年生活。即使是在蜂鸟中，这种情况也是相当少的。一只雄鸟的体重只有 3.5 克，10 厘米的长度有一半被两条尾翼所占。尽管盘尾蜂鸟非常小，它却过着难以置信的高节奏生活。

每天早上，盘尾蜂鸟因饥饿而醒来，它们起身在自己所居住的安第斯山脉热带云雾林里寻找食物。所有的蜂鸟都是熟练的飞行员，能够以惊人的速度和灵活性往前或往后飞行。像盘尾蜂鸟这样体形更小的种类，相对于它的体形，是地球上推动速度最快的生物。它们的翅膀 1 秒可以振动 80 次，但这会消耗大量的体力。除了昆虫以外，蜂鸟拥有动物中最快速的新陈代谢，需要大量的优质飞行"燃料"。

蜂鸟的燃料是多糖分的花蜜，但这不是免费得来的。植物需要蜂鸟来传播花粉，每朵花所提供的花蜜刚好够提供鸟儿每次从一朵花飞至下一朵花的能量。盘尾蜂鸟一天可能要经过 1 000 朵花，消耗足够的花蜜维持生存，如果没有进食，在 24 小时内它就会挨饿而死。基本上，它就是花儿的奴隶，依靠紧张的能量预算生存，只留非常少的预算允许出差错或休息。

当太阳升起，森林里变得暖和，盘尾蜂鸟会消耗一些宝贵的储备能量来寻找蛋白质，主要是小苍蝇，需要捕捉一些才能够满足每日的需求。但是盘尾蜂鸟的飞行能力和瞬间反应使它成为了高效的猎手。不过它自己也被其他动物所捕猎。毒蛇和其他的蛇一动不动地悬挂在花朵旁边，等待着蜂鸟。老鹰和猎鹰在蜂鸟最喜欢的进食地点盘旋搜寻，其动作非常敏捷，能够在飞行中捕捉它们。盘尾蜂鸟因此会保持警惕，听取其他鸟儿的警报叫声。

正午时，酷热的太阳光达到最大强度，如果蜂鸟吃得足够丰盛，就能在此时休息。但休息时间也不能太久。通常在天气炎热时会下起倾盆大雨。大雨落下，温度也随之降低，蜂鸟被迫提高自己的进食率。即使是在暴风雨中，雨滴几乎和蜂鸟的头一样大，盘尾蜂鸟也不得不继续寻找食物。它能够躲避一些雨滴，但如果雨持续不断，最终也会被淋湿，需要消耗更多能量来保持体温。

◤ 飞行补充燃料

雄性盘尾蜂鸟在厄瓜多尔安第斯山脉的西部云雾林中吸取兰花花蜜。一天中它会啜饮数千次花蜜来给自己极度活跃的生活方式补充"燃料"。但是寻找有足够花蜜的花朵并不容易，因为花朵会延迟花蜜的补充，以确保吸食了花蜜的蜂鸟能够飞至下一朵花，传播携带的花粉。

盘尾蜂鸟在一定程度上是群居动物，甚至会联合起来对付体形较大的种类，但是当花蜜供应短缺时，它们就会对彼此缺乏忍耐。

除此之外，盘尾蜂鸟还会有竞争者。它们住在美洲蜂鸟最多的地区。一小片森林中生活着40多种蜂鸟，其中有许多都会争夺同样的花朵，利用不同的策略确保它们能够得到足够的花蜜。较大的蜂鸟通常会有领地意识，保护花朵较多的区域。有些蜂鸟会通过记忆有效路线来利用分散的花朵，按计划重复路线，能够有足够的时间往返于添补完花蜜的花朵之间。其他蜂鸟的鸟喙演化成适合吸食其他蜂鸟无法吸食的特定花朵的花蜜。最让人惊讶的是，许多体形最小的蜂鸟在较大蜂鸟的关注下继续吸食，因为它们将自己的外貌和声音模仿成飞行中的蜜蜂的样子。

盘尾蜂鸟有时会极力争取食物。它会对其他蜂鸟"嗡嗡"地叫，伴随着吵闹的翅膀拍击声冲向对手，将对手吓离足够的距离来抓紧时间快速进食。这样大胆的行为其实是很冒险的，蜂鸟利用它们尖矛状的鸟喙可以造成对方重伤，有时甚至会给对方带来致命的伤害。另一个策略则是等待，等到两只较大的蜂鸟为一朵花战斗时，冲进去快速地吸食一口。

盘尾蜂鸟出众的敏捷性和加速度通常能够让它摆脱麻烦，但是面对自己同类时则不行。盘尾蜂鸟在一定程度上是群居动物，甚至会联合起来对付体形较大的种类，但是当花蜜供应短缺时，它们就会对彼此缺乏忍耐。大部分的争端是通过程式化的威胁解决的，在彼此面前盘旋，展开它们的叉状尾翼，竖起腿部绒毛。如果双方都不让步，战斗则是不可避免的，战斗中的蜂鸟会用爪子锁紧对方，用喙啄对方，直到有一方放弃为止。

总而言之，盘尾蜂鸟一天之中有很多需要争斗的事情。但是在太阳落山时，温度骤降，盘尾蜂鸟得更频繁地进食。此外，它还需要在黑暗降临前储存足够多的能量来避免夜晚的饥饿。这是最后一搏——进食和战斗达到最繁忙与疯狂的程度。最终，夜晚来临，盘尾蜂鸟筋疲力尽地休息了。

在找到一根纤细的栖木之后，远离夜间捕食者的范围，蜂鸟放松羽毛，闭上眼睛，暂时停工，将心跳速率降低到50次每分钟，能将其代谢速率降到最低。12小时内小盘尾蜂鸟保持在节约能量的迟缓状态，一旦晨光乍泄，它就会从沉睡中醒来，面对又一个疯狂紧张的日子。

◀ **永不停歇的困扰**

左上，右上 一只盘尾蜂鸟躲避非洲蜜蜂——带着刺针的蜜蜂（不同于本土蜜蜂）的攻击，它们在争夺花蜜。非洲蜜蜂刺针的攻击可能是致命的。

左下 雄性盘尾蜂鸟和雌性盘尾蜂鸟在饮蜜地点。许多蜂鸟聚集在一起进食，体形较小的蜂鸟也许会趁着体形较大的蜂鸟驱赶对手时冲进来偷偷吸食一口。

右下 雄性对手在冲向对方时展开尾翼，竖起腿部白色的绒毛。如果双方都不让步，它们会开始互抓并用鸟喙互啄，甚至会用爪子锁紧对方，摔倒在地进行搏斗。

第 3 章

家　园

所有生物都需要栖息之所，需要一个家园。对于离开父母的幼崽来说，在变幻莫测的危险世界中迅速找到新的居所是至关重要的，只有这样它们才能继续生存下去。对于一些动物来说，选择与谁结伴就等于选择了自己的居所，自己的生命安全要仰仗对方。对另一些动物而言，存活的关键在于占有一方领地或打造一个永久的居所。

▶ **秘密巢穴**
　　在挪威的森林中，一只乌林鸮像羽绒被一样掩护着幼崽。小乌林鸮在大约4周大时会搬出它们的桦树巢洞，但仍由父母喂哺。秋天来临时它们才会正式离开家。

▲ **夜猴的日间居所**
　　前页　一对叶猴正待在它们日间的庇护所——厄瓜多尔热带雨林的一棵空心树里。

家　园

动物幼崽可以通过与双亲或社会群体共同生活来避免自寻居所时遇到的麻烦和危险。但这些待在家里的幼崽要负责谋生，甚至要牺牲繁殖后代的机会。一些社会动物群体中，如狮群的母狮和象群中的母象构成的多代群体，只有单一性别的成员可以留下。它们进行群体协作，共同抚养幼崽。其他社会群体，如黑猩猩，通常是公猩猩聚集在一起，年轻的母猩猩则寻找新家庭，加入新的群体。如此一来则避免了近亲繁殖。

对信天翁和企鹅来说，家园是产卵的地方——其他的时间它们都在旅行。老虎和北极熊在庞大的地盘内徘徊，它们与同类共享领地，而编织蚁和知更鸟则为了捍卫每寸领地奋力抵抗入侵者。小型动物拥有永久居所，或在地下挖穴，或在地上搭建巢穴，它们的家像房子一样。有些动物以废弃的居所为家。蜗牛、珊瑚虫和乌龟则把身体的一部分当作家园。

家园可以只住一天，也可住一个季度甚至一辈子。海狸可以世代栖息于同一个水坝，延续几百年。不管动物的需求是什么，它们的居所必须满足至少一个迫切需要：免受恶劣环境（严寒、酷暑和雨水）的困扰；提供安全的地理位置或构造，让居住者免受捕猎者的侵袭；或者能够提供资源，尤其是食物和水，也许还有其他配备，如爬行动物需要的阳光地带。

家园的质量对动物的生存概率和最终的繁殖概率有很大的影响，但大多数幼崽面临的问题是竞争激烈的"房源市场"。寻找家园的工作既漫长又危险，优质的居所必然为"人"所占。所以这些年轻生命只能退而求其次。登上"房产"阶梯也只是它们生命轨迹的开始。从零开始搭建家园需要数年的练习，编织蚁甚至一些擅长挖穴的动物也不例外。海狸天生知道如何打洞，但它需要花上数年的时间来发展这项技能，才能建造和维护完美的居所。

新"房产"增值了，免不了引起"他人"的兴趣。一些共生者会有所付出以换取居住权。但其他一些动物不但强行霸占，还产生驱逐原住者的执念。所以居民们必须时刻守卫自己的财产，无论是一个贝壳、一条地道还是一片草地。

是坚守阵地、顽强抵抗还是缴械投降、默默撤离，一切要权衡利弊得失之后方能决定。暴力残忍的边境之争或是不露声色的抵抗，如以气味或呼叫声宣示所有权，都要付出代价。鸟儿要冒着被捕食者捉住的危险，在暴露的枝头鸣唱数个小时，宣告自己的存在。以气味作信号同样要付出高昂的代价。比如，雄性家鼠以尿液为记号宣示领地所有权后，体重就会锐减。

守卫家园的一个重要原因是，这对吸引伴侣起着至关重要的作用。潜在伴侣和领地主人同样被这片领地吸引，因为它能够提供食物，保护居住者不受天敌的追捕，这意味着这里是繁衍后代的理想场所。拥有理想居所的雄性动物甚至有可能会吸引多位雌性伴侣。

因此，对年轻的动物们来说，寻找和守护家园，从多种层面上讲是它们生命之旅的重要一步，也是它们得以在生存游戏中获得成功的至关重要的一步。

> ▶ 生活家园
>
> 在新几内亚，一只粉色小丑鱼住在秋葵的触手间。这种小鱼从未远离这个永久居所，它们利用触手上的毒刺来抵御捕食者，自身则对其毒素免疫。

3 周大，被逐出家门

年幼鼠兔肩负寻家和囤粮的双重重任

鼠兔形似小仓鼠，也和仓鼠一样拥有硕大的门牙和长胡须，但它们其实是兔子和野兔的近亲，并不属于啮齿类。它们是极端的生存主义者，安家于北美洲的最高山上，栖身于险峻崖壁下的陡峭巨石场间。

观察鼠兔日常活动的最佳场所是一片广阔的碎石坡，即岩石冰川。岩石冰川分布于加拿大艾伯塔南部的落基山脉下。在这里，不计其数的鼠兔栖息于大片的乱石间，但捕捉这些小家伙的身影并非易事。

鼠兔并不冬眠，而是躲在舒适温暖的小窝中度过漫漫冬夜。鼠兔穴位于巨石之间，被绒毯般的皑皑白雪覆盖，鼠兔就在此，靠短暂夏季储存而来的食物维生。为过冬获取足够的食物是一个挑战，对鼠兔幼崽来说更是如此。鼠兔在早春时节出生，通常在积雪仍深时，便迅速开始了独立生存。幼崽们在刚刚断奶 3 周后就被赶出母亲的领地，自谋生路。

鼠兔幼崽必须尽快找到落脚之处，但这并不容易。大多数的有利地点必然已被强者占据。但每年，严冬和捕食者对仅有几年寿命的鼠兔的双重折磨也势必会为幼崽们提供空缺之地，这正是它们所需要的。鼠兔们只有很短的时间可以寻找住所。它们需要尽快建造一个基地，做好准备，这样当积雪化尽、草甸开花时，便可以开始为过冬而疯狂觅食了。

鼠兔们将觅到的大量植被填进位于岩缝间和悬石下的"粮仓"中。植被在此风干，免受恶劣天气的摧残。用来贮食的干草堆可以很庞大，因为鼠兔是高速"锄草机"，总是飞速往返于草甸和草堆之间。在短短的夏季，它们来回多达 14 000 次。光景好的时候，它们可以储备多达 350 天的食物，即使有自然耗损，过冬也绰绰有余。

▶ 这是我家，请你走开

鼠兔会通过高声尖叫捍卫自己的领地。它靠发出"吱吱"声和留下臭迹巩固领地主权。邻居们听到声音、闻到气味就会知道这是谁的地盘。鼠兔幼崽要拥有自己的领地，就必须委曲求全，住在外围地区。

囤粮暴风行动让鼠兔们远离大本营的保护，每次往返都是一次冒险。鼹鼠、郊狼、松貂和各种猛禽频繁造访石坡，它们都在虎视眈眈地盯着鼠兔。

在觅食时，鼠兔往往忽略茂盛的草地，而偏爱高山野花。它们会咬掉靠近地面的花茎，然后含着满嘴的"混合鲜花沙拉"挣扎着返回"粮仓"。

鼠兔们储藏的不仅仅是植物。和它们的兔子亲戚一样，鼠兔可以产生两种固体排泄物：大块柔软的绿色粪球和小块干燥的棕色粪球。绿色粪球内仍富含营养，所以鼠兔经常把它们一并储藏在草堆里，作为一种可以长期保存的零食，供日后食用。

为了让食物能够保鲜数月，鼠兔要定期翻转食物，减缓其腐坏的速度。它们对储藏何种植物也十分挑剔。有很多植物，如高山的水杨梅属植物，会含有一些化学物质，使它们味道苦涩且不易消化。反常的是，鼠兔却对这类植物情有独钟，原因就在于这些化学物质能够抑制微生物分解，可以充当干草堆的防腐剂。在秋冬季节，植物内的化学物质便降解到无害的程度，可供鼠兔安心食用。

鼠兔会不顾一切地捍卫自己的家园，这点不足为奇。在不觅食的时候，它们会守在突出的岩石上大叫，警示邻居，并奋力驱逐闯入自己领地的入侵者。那些储备充足的鼠兔需要更加谨慎——因为一些鼠兔专门靠偷取邻居的食物过活。鼠兔一旦发现偷盗的好处，便会成为惯犯，经年累月地偷下去。它会持续小心地观察，直至干草堆的主人忙碌地进出于草甸之间，便伺机而动，偷走可以携带的食物。但偷盗也要承担风险，一旦在作案时被捉住，便可能遭到草堆主人残暴的驱逐。

尽管如此，所有鼠兔都面临着一个巨大的威胁：气候变化。逐渐升高的气温使高山草甸面积减小，也使为鼠兔御寒的积雪层变薄。同时，这些高海拔地区的专属生物也无法忍受延长的夏日高温天气。可想而知，它们的未来充满艰辛。

▲ 干草围粮

一只鼠兔向草堆上加了一些夹竹桃柳兰，将它们日晒风干。当寒冬降临时，鼠兔便把巨型干草堆拖进巨石场的裂缝深处。鉴于"粮仓"无法维持到春天，鼠兔需要钻过积雪，寻找生长缓慢的垫状植物甚至是地衣食用。

▶ 满嘴粮草

要在阳光充足时建干草堆。一只经验丰富的鼠兔可以在位置极佳的领地收集到足够的干草。干草的材料主要为开花植物，用于填充"粮仓"。而年幼的鼠兔也许就没这么幸运了。

待乘终身顺风车

鲫鱼：永远的乘客

▲ 鲫鱼，吸盘朝上

一只在地面等待新一轮搭车的鲫鱼。它的吸盘鳍已做好准备，要一头吸向新宿主。虽然鲫鱼也会游泳，但由于没有长鱼鳔，无法长距离游动，因此它们更倾向于搭顺风车。

◀ 职业"搭车手"的聚集之地

鲫鱼群白天的栖息之地——一艘渔船的残骸。船体侧面的印记显示原先长海藻的地方已被之前吸附在此的鲫鱼吸盘移去。当有合适的载体——鲨鱼、海龟甚至是鲸游过时，鲫鱼会向前滑动，脱离船体，重新吸附到新宿主身上。

选择适宜的居所可能是某些动物一生要做的最重要的（可能也是代价最高的）决定。对于一只幼年鲫鱼来说，选择最佳居所是一个尤为棘手的问题。

对一只鲫鱼来说，安居等同于"投资"一处"移动房产"，让它可以附身其上。在斐济周边的热带海域，鲫鱼幼崽们常因"房源"众多而无从下手。各类鱼群往来穿梭于礁石之间，一年四季，络绎不绝，为挑剔的鲫鱼们搭建了绝佳的"房产中介"平台。

尚无居所的鲫鱼们从容地考察着它们的"移动房源"。这些"房源"包括成群造访的牛鲨、迁徙而来的蝠鲼、中途经过的龟群或是栖身暗礁的鲨鱼群。在本加岛，牛鲨是最受欢迎的居所之一。因此，每当有一只牛鲨经过，都会有数只鲫鱼从遮蔽物中蜂拥而至，争夺这套热销"户型"。

鲫鱼会用其扁平头部上的特殊吸盘让自己附着在选定的居所之上。吸盘由背鳍"改良"而来，是一个精良而复杂的结构组织。背鳍边缘的厚实唇部抵在宿主的皮肤上，形成密封。中间椭圆形的吸盘由板状结构即骨板层形成，使鲫鱼和新家得以吸附在一起。一旦附身成功，鲫鱼可以通过向后滑动增加吸力，也可以向前蠕动解除吸附。

当鲫鱼幼崽只有 1 厘米长时，吸盘开始形成。当身长达到 3 厘米长时，吸盘完全形成，鲫鱼便可以开始其"搭车"的职业生涯。不断生长的身形让鲫鱼开始寻找更大的居所。吸盘可以吸附于各种物体的表面，包括海龟的龟壳，蝠鲼、海豚和儒艮的皮肤，氯丁橡胶的潜水服甚至船体。的确，鲫鱼的名字在拉丁文中有"耽误、延迟"之意，因它们会吸附在船底，其重量会形成阻力，减慢船的行进速度。

作为一个职业"搭车手"，鲫鱼可以畅游各地，却消耗极少的能量。它也可以从潜在的捕食者身上获得一定的保护，特别是当它吸附在一条大鲨鱼身上时。依附于海洋中一些最多产的猎食者身上就意味着衣食无

忧。通常鲫鱼会吸附在宿主的身体上，一些会寄居在宿主腮旁甚至嘴里，还有一些甚至潜伏在宿主的"尾气排放"处以便收集废气。它们也会在宿主皮肤表面移动，以长在宿主身上的细菌和寄生虫为食，顺便提供清洁服务。这也是宿主可以忍受众多"食客"存在的原因所在。

这种吸附状态并非永恒。鲫鱼十分乐于长时间地解除吸附，以便能够在开放水域打扫宿主掉落的残羹剩饭，然后重新追逐并吸附在宿主身上。它们也并不忠诚。若有更好的宿主出现，又恰好近在咫尺，它们便会追随新主。尽管鲫鱼会为其宿主提供旅行清洁服务，它们的关系却是单向的。

宿主所要承受的不利条件包括游行速度减慢、传染病、皮肤擦伤以及由于长时间的吸附导致的皮肤生疮。它们还要忍受20多只鲫鱼在它们全身周围急速游动的痛苦。但对于鲫鱼来说，一旦发现了优秀的"载体"，搭顺风车便是能够满足它们基本需要的最有效的方案。

▶ 鲸鲨司机——鲫鱼的绝佳"坐骑"

鲸鲨是世界上最大的鱼类，可以为"搭车者"们提供很多空间。鲫鱼的流线型身躯和扁平的头部结构减少了宿主前进的阻力——当然，当鲫鱼数量增加时，增加的重量会变成拖累宿主的麻烦。

无法逃脱的终极安全居所

北美野山羊寒冬受困峰顶

有些动物选择将家安在看似生机渺茫的地方。北美野山羊住在近乎垂直的悬崖上，悬崖环绕着北美洲最偏僻的峰顶。它们的据点之一就是位于美国蒙大拿州的冰川国家公园。它们似乎十分适应这个垂直世界里的生活，能够脚步轻快地穿过被雪崩和暴风雨洗礼过的陡坡，在结满冰的岩脊上保持平衡，以悬崖上稀少的植被为食，勉强度日。

要想在此存活，野山羊需要拥有"特殊装备"。为了能顺利地在岩脊上行走，它们的羊蹄上长有柔软防滑的肉垫，以及两个灵活的脚趾。脚趾可以舒展开来以保持平衡，或蜷缩起来以便抓住岩石凸起的部分。野山羊还拥有一身厚实的"毛皮大衣"，外面一层是长长的针毛，被针毛覆盖的是可以困住空气的绝缘保温羊毛层。

这些山羊选择安家山顶来躲避捕食者，当寒冬袭来，它们不会下山寻找拥有更好庇护条件的山谷，而是迁徙至山顶最裸露的山脊处。在这里，寒风在一定程度上保持了地面的裸露，使其不被积雪覆盖，山羊们因此节省了大量的体力，不必在积雪中挖掘植被。然而这个求生策略却充满风险。因为羊群可能会被这些裸露山地周围的积雪围困数月。因此，随着冬日的持续，它们慢慢地吃光了所有食物，情况开始逐渐恶化。到冬天结束时，所有的山羊都苦不堪言，而最年幼的山羊身处最糟糕的境地。

山羊幼崽在母亲的庇护下成长。成年母山羊在家族中享有最高地位，它们积极地保护着幼崽。它们的短角可以造成致命伤害，因此许多打斗都只是仪式化的轻击，目标是对手的臀部。当春季到来，母羊再次生产之时，山羊幼崽便成了眼中钉，还将遭到母亲的驱逐。

一旦被逐出家门，幼崽就地位尽失，位列羊群底层。体形较小的它们会被长途跋涉和挖掘积雪折磨得疲惫不堪，体内热量散失很快，而且缺少食物。在第一个冬天结束以前，预计半数的山羊幼崽会夭折。

▶ 岩脊上求生

舔盐结束的母羊和幼崽沿着险峻的山路下行。在山羊群中，母羊的地位高于公羊，山羊幼崽和母亲享有同样的地位，1岁大的幼年山羊位列羊群底层。处在最高层的母山羊占据最好的舔盐地点，并且拥有最佳的睡眠和摄食区域。

▲ 夏日"采摘"

母羊和幼崽已经褪去了大部分的"冬衣"，享用着山上的植被。1 岁大的幼年山羊在每个摄食区域都会被赶到边缘。

到了春天积雪融化时，山羊们终于能够走出山顶"监狱"，下行至草甸地区，品尝水分充足、营养丰富的新鲜嫩草和高山花朵。对于山羊幼崽来说，此趟旅程尤为危险。从高崖下行的旅途中，它们成为许多猎食者的捕猎对象。这些猎食者包括灰熊、美洲豹、狼和鹰。母山羊们聚在一起，带着山羊幼崽们沿着传统路线一同下山。但 1 岁大的幼年山羊必须独自踏上危险的旅程，除非它足够幸运，能和同龄伙伴结伴而行。

当它们下山时，身上的厚羊毛会变成累赘，使它们陷入体温过高的危险境地。因此它们会大把大把地褪毛，并且尽可能地把沿路未融化的雪地作为栖息地。到达草地之后，它们暂留在此摄食，然后继续下行至更远的山谷，摄取和粮草同等重要的营养物：盐。在弗拉特黑德河河谷，它们发现河水侵蚀岩石，露出了灰色黏土层。这些黏土层富含羊群需要的矿物质。盐中的钙、钾、钠和镁等成分可以补充山羊在严冬贫乏期骨质经常流失的元素。这些矿物质还可以促进消化，帮助山羊们吸收夏天草食中的营养，预防腹泻等肠胃疾病。

然而要到达舔盐的地点，羊群必须通过雪崩沟槽，沟槽中有盈满雪水的急流和浓密的森林。对于许多山羊来说，最后的障碍就是弗拉特黑德河。对于山羊幼崽特别是刚满周岁的幼年山羊来说，渡河是一项考验，但如果它们能够平安渡河，舔盐地点便是一个避难所。它们可以从这里回到自己建造的垂直世界中。一个夏天中会有超过200只山羊造访此地。

在这些悬崖上，高层的等级被重新确立。满周岁的幼年山羊被逼迫到边缘地区，就像它们冬天在山脊处和春天在草地时的待遇一样，最好的地方都被母山羊及其幼崽占据。当山羊们花上几天时间尽情舔盐并从矿物质缺失的状态中恢复之后，它们便准备开始再次经历艰难跋涉，渡河穿越森林，回到高崖上的安全区域。

家园不断迁徙，幼犬被留下照顾

狗群为何要靠成年"保姆"照顾

赞比亚西部的柳瓦平原——广阔、平坦、平凡无奇——也是香肠树家族遍布的地方。庞大的野狗家族每天要流浪跋涉超过 1 000 平方千米的区域，另觅新家。干湿季交替导致猎物的频繁迁徙，食物供应十分不稳定，野狗家族因此被迫不断移动。它们也必须抢先一步行动，提防它们危险的邻居——会潜入偷食的鬣狗。

非洲野狗的幼犬需要和同批出生的幼犬一起待上数年，在这段长期的学徒时光中它们要学习如何在这片充满考验的领地生存。在这个关系紧密的族群中，拥有成员资格就意味着有能力谋生。对于青年野狗来说，它们要在领队的元老成员的面前扮演附属的角色。当"主母"野狗生育时，新生儿的降生迫使狗群建立临时居所，年轻成员的协助在这时就变得至关重要。

▶ 和父亲亲近

巢穴外，年轻的小幼崽们正在和它们的父亲打招呼。它们的父亲作为元老成员，是家族主要的猎手之一。弱小的幼崽需要庇护所，所以它们待在洞穴中由"保姆"照看。

▶ 午睡时消化食物

对页　野狗幼崽们正在临时巢穴外熟睡。它们将尽情享用返家的猎手们反刍的食物。

安居在临时基地让野狗们腹背受敌，也剥夺了它们捕猎的优势：移动性。生育的巢穴通常是一个浅穴，位于浓密的荆棘灌木林深处。在前几周时，幼犬们待在地下巢穴中。当它们走出巢穴时，依然太过弱小而无法跟随狩猎。因此，当狗群穿过平原四散狩猎时，愈发躁动的幼犬则需要监护，而这个阶段也是学习技艺的最佳时段。

当狗群外出狩猎时，留下照看幼崽的不是它们的母亲，而是一只或几只年轻野狗。照顾幼崽责任繁重。"保姆"们不但要防止幼犬们四处乱跑惹上麻烦，还要保护它们免受捕食者如蛇和鬣狗的袭击。丛林大火可以席卷平原，当雨季真正开始时，淹死在洞穴也是一个潜在的威胁。在第一时间发现危险之后，看护的野狗迅速大叫求救，将幼犬们成群召唤回巢穴。但当情况危急时——如猎食者发现了巢穴所在——"保姆"或许会冒险下决定将幼犬转移至其他巢穴。

将照看幼犬的责任推给下属为狗群带来了便利。"保姆"获得了宝贵的育儿经验。狗群中的主母——可以说是狗群中最有经验的猎手——可以重新开始狩猎，这对狗群的生存非常重要，因为家中有太多嗷嗷待哺的生命。

但如果捕猎行动发生在很远的地方，要如何把食物带回巢穴呢？解决方案依旧是需要群体合作。

狩猎成功后——在柳瓦平原，猎物通常为牛羚或驴羚——所有的狩猎成员们狼吞虎咽，将腹中囤满肉，然后返回巢穴将食物反刍喂给幼犬并对"保姆"进行犒赏。幼犬们需要食用这些反刍的肉来度过最初的两三个月。

一旦幼犬们长到足够强壮，可以开始跋涉，野狗家族就抛弃了临时居所，带着活泼的幼犬们一起，继

续流浪的生活。这个阶段的幼犬还太年轻，无法跟上狩猎行动的节奏，所以当成年野狗外出狩猎时，它们便躲在庇护所等待，然后便在某个"属下"的护送下来到猎物的尸体旁。幼犬还要花上数月的时间才能长得足够强壮，可以跟上狩猎群体的步伐，在捕猎现场直接食用猎物，但狗群的移动性确实意味着这些幼犬可以先鬣狗一步行动。

这种流浪的生活方式需要广袤的开阔平原，而近几年来，这种生活方式导致野狗数量急剧减少。曾经有成千上万只野狗在撒哈拉以南的非洲地区游猎，而如今据估计只有不到5 000只野狗存活于世。

栖息地的急剧丧失让野狗变成了受害者，食物供给减少，使得野狗群与其天敌狮子和鬣狗冲突不断。

▲ 牛羚盛宴

左上和右上 评估猎物，袭击牛羚群，选出弱小的成员。虽然一只野狗体形过小，无法凭一己之力杀死牛羚，但所向披靡的狩猎群可以做到。参加猎杀行动的野狗可以多达20余只。

▼ "保姆"和它的职责

下页 一窝野狗幼犬在巢穴中由年轻的守护者照看。它们要在这里待着直至10~12周大，才能长得足够强壮，跟随狗群成为游猎者。一窝野狗最多可以有20只，通常是10只，但大多数都难以存活。非洲野狗被列为濒危动物，其数量至今仍在减少。

"房产"阶梯上的"居士"

寄居蟹为换理想居所成群结队

距加勒比伯利兹海岸几千米以外有一座棕榈环绕的珊瑚岛，岛的大小不超过一个足球场。卡里尔博礁是成百上千的陆生寄居蟹的家园。寄居蟹的体形不等，有的小如指甲，有的大如板球。傍晚时分，成群的寄居蟹从稀疏植被的阴影中出现，开始海岸巡逻——沿着海岸线展开搜查，寻找美味小食。偶尔它们也会发现更有价值的东西——一个刚被遗弃的海螺壳。

寄居蟹用壳作为移动家园，用强壮的后肢将其固定在身后。壳被用来保护螃蟹身体柔软的部位，在面临捕食者如海鸟的威胁时，它们可以躲进铠甲般的保护壳中。

寄居蟹最钟爱的壳是西印度群岛的海螺壳，虽然它们也会接受蛤蚌壳、扇贝壳甚至是浮木、玻璃或塑料瓶。当它们长得太大或壳被损坏时，就需要搬家。但在卡里尔博礁，它们面临着一个严峻的问题："房产"严重短缺，所以一个被冲上岸的贝壳会被视为稀世珍品。

第一个偶遇珍品的螃蟹会迅速检查未来的新家，然后溜出旧壳搬入新家看看其是否合适。如果合适，螃蟹便正式搬入，然后继续前行。如果新家太大，则会有一连串的奇妙事件发生。

螃蟹会守在珍贵的新壳旁，有时会等上数小时，直到有另一只寄居蟹前来发现并占有新壳。这个"等待游戏"风险很高，因为长时间逗留在海滩会让螃蟹暴露在捕食者面前。如果壳体有损坏，它们还要面临脱水的危险。但在这些"蟹潮汹涌"的海滩上，不用花太长时间就能等来另一只寄居蟹。新的造访者会评估壳体大小是否合适，如果不合适，这只蟹也会守在一旁。几小时内，会有 20 只甚至更多只因"房型不合"的螃蟹在空壳旁逗留。但它们不会只在周围闲站着，它们会相互拥挤着，按体形大小降序排成一列。

▶ 按壳排队

一群寄居蟹在海滩上排成一列。搬到大壳的概率小之又小，所以螃蟹们耐心排队等候数小时，希望能用已无法容身的旧壳换一个新家。

▲ 第一步：新家

一只寄居蟹正要抛弃旧居，搬入更大的新家。它会检查履帽贝壳是否有裂痕，是否有足够的厚度抵御震动和捕食者的袭击。

有时螃蟹们会排成几列，沿空壳呈放射状排列，形成海星效应。当聚积了足够的"蟹力"之后，各队的螃蟹们开始激烈竞争，争夺对空壳的掌控权。

随着队列成员的增加，战况升级，小个儿的螃蟹会在队列的尾端反复移动，试图预测最终胜利的队伍——就像在超市的购物者在收银台的队伍中来回变动，寻找等待时间最少的队列一样。

最终，总会有一只螃蟹的身形能完美地匹配空壳。一旦它抛弃了自己的旧壳，占有新家，队列中的第二只螃蟹便会舍弃自己的旧壳，搬入被前面同伴遗弃的较大的新壳。换壳活动沿队列依次进行，每只螃蟹

都从旧壳中搬出来，搬入新家。当换壳盛典结束时，即使是在获胜队列中排在末尾的小螃蟹也能搬进宽敞的新居，把自己狭小的陋居遗弃在沙滩上。

这一系列的行动被称为"连续性空屋链"。经过数小时的等待，换壳行动通常在几秒内就轰轰烈烈地结束了。寄居蟹很可能已经进化到通过运用复杂的社会行为来更有效地运行空屋链，特别是征召别的螃蟹继承旧居。也许它们释放了化学信号，或者发出呼叫，再或者通过某种方式展示自己以吸引附近的螃蟹来创建链条。

"连续性空屋链"本是社会科学家创造的术语，用来形容人们交易如公寓等资源的方式。如今，有很多动物都被认为会使用空屋链，包括小丑鱼、龙虾、章鱼和一些鸟类。它们会利用空屋链在瞬间完成交换活动。

至于那些选错队伍的寄居蟹们，只有等到下一个闪亮的新贝壳被冲上岸，才能重新开始新一轮复杂的夺居之战。

◀ 第二步：检查大小

检查被遗弃的壳的大小，查看是否足以容身。螃蟹们不疾不徐，用触须评估新家的大小。它们需要反复检查甚至手动做一些内部装修。

▲ 第三步：开始换壳

从蛾螺壳搬入被遗弃的履帽贝壳。真正的换壳行动需在几秒内结束，因为螃蟹要冒险向捕食者暴露自己柔软的腹部。

织巢鸟欲交配须熟谙打结之术

若雄鸟织的巢不够理想，雌鸟会轻易将其捣毁

坐在如秋千般的框架内的一只雄性黑额织巢鸟正在不停地编织打结，鸟巢的直径由雄鸟双翅的触程决定。不同长度和宽度的草条被用在筑巢工程的不同阶段。

▶ 半挽结，由左至右

这只雄性黑额织巢鸟正在用新鲜的草条编织一个新巢，由左至右将草条织在一起。为了能让草条足够灵活，便于打结和塑形，它用喙来来回回将其变软。

技艺最娴熟的筑巢能手非织巢鸟莫属。织巢鸟有 100 多个种类，主要发现于非洲和亚洲地区。一个精心编织的挂篮需要耗费成百或上千根植物枝条，若是像群居织巢鸟那样的公共巢穴，则需要几万根枝条。织巢工作由雄鸟负责，一只雄鸟最后能否拥有伴侣通常取决于它的编织技艺的娴熟程度——雌鸟会依此判断这个家是否足够舒适安全，可以让它安心产卵，养育雏鸟。

在南非，筑巢时间与雨季开始的时间一致，这样就能保证有足够的草来织巢，还有充足的食物来哺育雏鸟。集草的工作本身就是一门艺术：在草的叶片底部咬一个缺口，然后拽住缺口的末端向上飞，撕下一条细长的窄条。缺乏经验的织巢鸟也许会重复地撕碎选好的草条，或是缺口咬得太大无法将草撕开。只有勤加练习才能技艺娴熟——它们必须掌握娴熟的撕草技能，因为编一个巢需要上千根纤维细条。但这只是第一个挑战。

雄性织巢鸟首先用它的脚和喙把一长条草系在树枝上。打结非常关键——因为鸟巢其他的部分都是沿结悬空的。新手会在草结完全起到支撑作用之前做很多尝试，如果结打得不合适，就会自己松开，将筑到一半的巢穴甩落在地上的水中。然后织巢鸟会开始将更多的草条编在一起，形成环状，如同秋千一样悬挂在枝权之下。完成之后它会站在"秋千"里，永远面向相同的方向，开始编织一个球形的篮子，其直径由织巢鸟双翅的触程决定。

每只编巢鸟运用的编巢技能各不相同，有的由右向左编，有的由左向右编。它们运用的缝合技能大概每个女裁缝都会很熟悉。草结包括螺旋结、半挽结和滑结。在筑巢时，雄鸟的表现会受到未来伴侣的评估。如果雄鸟知道自己正在被观察着，会工作得更加卖力。最终，屋顶、房间和入口通道会一齐被紧实严密的网状结构罩住。由于鲜草变干时会收缩，编织的巢穴会更加紧密，结构也会更加坚固。入口的大小要足够大，可以让织巢鸟自由进入，但也不能太大，以防止如蛇、鹰和布谷鸟等入侵者的进犯。为了炫耀筑巢成品，雄鸟们也会醉心于一些"园艺美化"，对鸟巢周围树枝上的叶子进行剪裁。

为了宣布"新居竣工"，雄鸟会栖息在新房旁边，有时会倒挂在新居入口疯狂地抖动翅膀，邀请雌鸟来看房。凌乱的鸟巢会很快遭到拒绝。雌鸟们也会评估巢的韧性和"房龄"。若筑巢耗时过长，草就会全部干掉，这说明雄鸟缺乏经验。雌鸟们是不会在这样的鸟巢前浪费时间的。为了掩饰自己拙劣的技艺，筑巢慢的雄鸟们会不断在巢的外围添置新草，让鸟巢看起来新鲜靓丽。但雌鸟们很少会上当，对于不满意的鸟巢会立刻将其扯散，雄鸟们便得从头再来。鸟巢在树上的位置是另一个决定因素。最佳的位置是迎风面，把巢筑在居中的位置最受雌鸟的青睐，因为这样可以最大力度地防止捕猎者的袭击。

一个年轻"不得志"的筑巢师通常会在交配期织很多巢——有些雄鸟的重

然后，它会站在"秋千"里，永远面向相同的方向，开始编织一个球形的篮子。

一棵金合欢树上"结"满了黑额织巢鸟的巢，一些巢顺着体形较大的织巢鸟旧巢上悬挂下来。群体筑巢让雌鸟有机会选择技艺高超的雄鸟，也在数量上提供了安全保证。

▶ 创新设计

一只东南亚黄胸织巢鸟衔着新鲜的棕榈纤维为新巢收尾，筑巢花了至少16天的时间。被吸引的雌鸟会戳拉新巢，测试其结构，之后会进行彻底检查。

建记录超过了25次。但每次返工，速度和技艺都有所提高。所以从某种意义上来讲，这些挑剔的雌鸟提高了雄鸟们未来成功的概率。

一旦雌鸟对鸟巢感到满意，和雄鸟完成交配，便会接管筑家的责任，完成内部装修，将巢内铺满柔软的草和羽毛。雄鸟因此得以抽出身来另筑新巢，吸引新的雌鸟。新巢也许就建在同样的树枝上，这样它可以守护这些鸟巢，不被其他雄鸟蓄意破坏。一只才华横溢的雄性黑额织巢鸟可以在交配期与数只雌鸟交配——作为对其拥有高超筑房技巧的奖励。

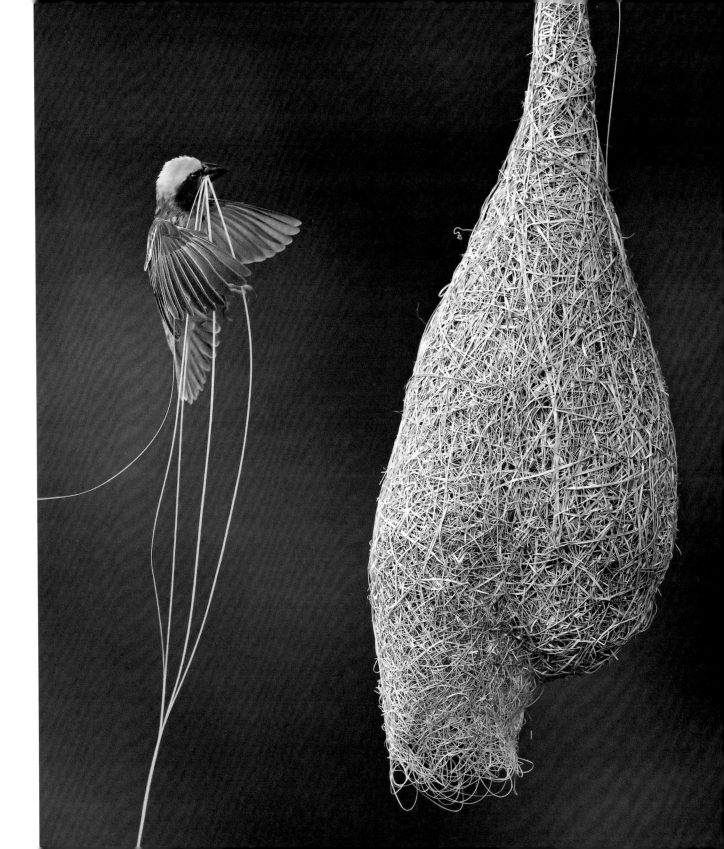

幼虫也参与筑房建设

当编织蚁开工时，全员出动

许多蚁类都安居于树上，但生活在澳大利亚和亚洲热带雨林中的编织蚁将树上生活带到了新高度。与大多数居住在树上的蚁类不同，编织蚁不依靠天然树洞作为荫蔽之处，而是将叶子织在一起，搭建自然界中最为复杂的蚁巢结构。

缝制建巢的本领让蚁巢与竞争者较量时占尽先机，因为如果蚁群要扩大，蚂蚁们只需合并更多叶子一路延伸扩张领地，或是在隔壁另筑新巢。

每个单独的"叶荚"建造都需要蚂蚁之间的精密合作。首先，工蚁们需要用自己有力的下颌将两片叶子拉到一起。如果叶子间距离过大，一只工蚁无法够到，第二只工蚁便会爬过第一只工蚁的身体来协助它。如果还是无法碰到，其他工蚁会加入这一助拉队列，直至叶子的边缘达到领队工蚁下颌的触及范围。

一旦连接成功，其他工蚁便纷纷跨越这一助拉"桥梁"，重复黏合工作，直至产生丝网将叶子边缘连接在一起。一旦叶片距离足够近，其他工蚁就用它

◀ 合力拉拽

编织蚁们正在修复叶巢。一对工蚁正在合力拉拽两片叶子的边缘，直至叶子的距离足够近，工蚁方能用丝将其黏合。

▶ 新"叶荚"

发展壮大的编织蚁群在扩充家园。蚁群边境处新建的"叶荚"包括住满工蚁的营房，工蚁已准备好誓死捍卫蚁后和蚁群。

们的下颌将叶子间的缝隙"钉住"（就像订书机将一叠纸钉在一起一样）。

更多的工蚁开始到达"施工现场"。它们的幼虫一同前来，幼虫即将化蛹，变成成年编织蚁。为了实现这一转化，幼虫会吐丝把自己裹在茧里。负责建巢的工蚁们利用这一优势，让幼虫们在发育成型之前为蚁群贡献一些宝贵的丝。

携带着幼虫的工蚁将幼虫沿着叶片之间的缝隙放好，然后每只蚂蚁用触须轻敲幼虫的头部，刺激幼虫的唾液腺，使它开始喷丝。工蚁左右摇摆着幼虫，拉着丝线前后来回地穿过结点，直到线网将叶子黏合在一起。整个筑巢工程就在重复地黏合更多叶子的过程中进行，直至建成一个足球场大小的巢室。

一个完善的蚁群中有 50 万只蚂蚁分别居住在诸多蚁巢之中。这座蚂蚁大都市或许会延伸跨越很多棵树——是一座由众多区域和"郊区"组成的综合建筑，由数条繁忙的往来路线连接而成。

在蚁群的中心巢穴之一，女王独自统治着它的王国。它每天都会产数百颗卵。这些卵会被安置在偏远的蚁巢中照料喂养，然后发育成幼虫。幼虫在这个育儿所中会长成两类工蚁：负责留守在蚁巢内部照看蚁后子嗣的小型工蚁和体形较大、身体强壮、负责外部筑巢任务的主力工蚁。

蚁后可以安枕无忧地在它的巢室里住上数年，但工蚁的平均寿命只有几个月。随着年龄的增长，主力工蚁将承担更加危险的任务，直至步入晚年，它们的最终使命是在危机四伏的领地外围边界巡逻。老工蚁的任务之一就是保证壮大了的蚁群的食物供给。它们是极有效率的猎手，以至于它们会有组织地剥夺家园树上的食物，创造一个虚拟"沙漠"，几乎没有生物能在此存活。中国的农民在 1 700 年前就发现了这个现象，并从那时起就开始将蚁巢安置在果园中以保护果实，使之免受害虫的侵害，这让编织蚁成为或许是最早为人所知的生物防治物种。

这种焦土政策意味着扩充蚁群是一种时时存在的必要。由于所有的编织蚁群都遵循同一路线，它们不可避免地会发生接触。这就意味着战争的爆发。如果巡逻小队发现身份不明的入侵者，会立即发起攻击，从腹部喷射蚁酸，并用有力的下颌咬向入侵者。如果威胁巨大，防卫的士兵会去求助，沿路留下气味记号引导成千上万的增援蚁兵赶来退敌。

但编织蚁也有富于同情心的一面。一些工蚁会照料成群的蚧虫和其他吸汁虫，保护它们免受敌人的侵害，它们收取的回报便是收集这些虫子在进食时分泌的含糖丰富的蜜汁液滴。这些"珍品"会被运回蚁巢供蚁群分享。

它们也与多种毛虫建立了友好关系，这些毛虫无忧无虑地住在蚁巢内，被能够将它们和蚁群融为一体的化学物质保护着。蚂蚁们会将毛虫带至"牧区"，照看它们进食。作为回报，毛虫会为蚁群分泌蜜汁。

但成功的蚁群也会招来不速之客，其中一类就是小型跳蛛。跳蛛会模仿编织蚁的外貌和习性，这让它能够大摇大摆地在蚁群中来去自如，随时可以抓走毫无防御能力的幼虫。蚁群的生活方式为跳蛛提供了现成的居所和取之不尽的食物储藏。但诸如此类的入侵者，对一个可以统治数棵雨林树木和成千上万只工蚁的帝国所造成的不便简直是微乎其微。

▲ 建筑与防御

对页左 扩建家园的"建筑工"们正在拿幼虫作为"喷丝缝纫机"，将叶子缝合在一起。

对页右 一旦"叶荚"被"缝合"完毕，工蚁们便会将泛滥的幼虫们送往新的育儿所。

左上 任何从隔壁蚁巢来犯的编织蚁都会遭到工蚁巡逻队的严厉抵抗。

右上 一只模仿蚂蚁的蜘蛛可以不被察觉地闯入，偷食幼虫。

第 4 章

权 力

很少有动物能与世隔绝。动物个体生命之间相互影响、相互交织。正因为如此，对于个体而言，知道何时进行战斗、何时知难而退、何时单打独斗、何时团队合作以及如何运筹帷幄至关重要。这些都是幼崽们在生存游戏中抢占上风的必备技能。

▶ 同步交际

　　一个大西洋联盟发现巴哈马群岛的海豚在练习同步游泳。它们是高度群居哺乳动物，非常注重友情和亲情，还有一种包括积极教导幼崽在内的文化。

▲ 食物之争

　　前页　大多数动物尽量不参与高风险的斗争，尤其是在用到爪子这种危险武器的时候。图中一只秃鹰扑向另一只更小、更轻的秃鹰，这只小秃鹰刚从阿拉斯加的奇尔卡特河里拖出一具鲑鱼尸体。较小的那只鹰懂得不值得冒着受伤的风险反击，于是乖乖交出了战利品。

权　力

对于大多数动物而言,生活中总免不了你争我斗,但老打架浪费宝贵的精力,还可能会受伤,甚至死亡,所以动物们有各种避开正面交锋或频繁挑战的方式。在动物社群中,成员之间互为优势者和从属者的关系,这样就无需产生接二连三高风险的交锋了。这一自然法则的维持充斥着众多威胁和(雄鸟、鱼等为求偶的)炫耀行为,只有当从属者成功挑战优势者时才会有所改变。

一个优势级别居高的个体因其地位之高受益颇多,最后能够繁衍的后代比从属者多得多。例如,在缺水时期,级别最高的雌性长尾黑颚猴比从属雌猴更有权喝上树洞里的水;级别高的大狒狒首先享用到社群捕到的猎物;级别高的雄性帽猴能参与大部分的交配。

对于从属者而言,牺牲再大也不为过。它们不仅最后才能进食或喝水,而且一直饱受着低级别带来的生活压力,它们可能永远不会有机会繁殖。但如果从属个体和优势个体关系亲密,协助它们可能会有益于遗传,因为优势个体的基因依然能传给后代。另外,从属者也在不惹是非的同时慢慢提高级别,它们可能比级别更高的个体们活得更久,尽管最高级别的位置要过很长时间才会有空缺。

但是从属者可以利用它们的低级别时期获得技能、资源和特性,这将有助于它们的发展。例如野狗一直在练习捕猎技巧,它们还可能在照顾兄弟姐妹的过程中学习养育子女的方法。猫鼬形成政治联盟,而萨凡纳狒狒表现出许多因年龄而异的交配技巧,例如,形成联盟与更高级别的雄性较量,从而有机会接近雌性进行交配。从属者也可以尝试采用"暗算"策略颠覆现行法则,尤其是在有着几个雄性的较大的社群中,最高级别的个体可能很难控制所有的交配机会。较弱的雄性有时假扮雌性,不仅可以避免争斗,还能在优势雄性的眼皮底下接近真正的雌性。但大多数情况下,逆来顺受也不过是权宜之计。

对于一个想要提高地位的幼龄动物而言,做发起战斗的决定通常是在更高级别的动物也许是因为受伤、疾病或年迈不再被视为无懈可击的时候。然后这一来二去就打破了原本的和平,挑战者向优势个体的仪式化的炫耀表现发起进攻,随即这场交锋升级为一场可能导致政权更迭的战役。

但成功也伴随着相应的问题。动物个体必须积极捍卫自己的领地,同时还要不断挑战那些级别更高的个体。级别最高的个体有很多可以失去,而捍卫领地、占有配偶及守护其他资源可能导致高级别个体的身体每况愈下。高级别的动物们应激激素皮质醇水平很高,这可能会令它们折寿。

最终,集中权力实质上是权衡斗争的成本和追求不同策略的好处。当然,拥有权力的那些个体最有机会留下基因遗产。

▶ **狐狸之争**

北极狐用打败雄性对手的方式维护自己的优势地位,对手可能是他的兄弟。随着求偶季节的来临,交配变得和觅食一样重要。

社会生活可以加倍考验雏鹰

体形更大、年龄更大的鸟群让挨饿的幼鸟为它们干活

▲ **为什么大鹰会赢**

　　一只成年秃鹰俯冲发起攻击。较重且更老练的成年秃鹰总会在和更年少、更轻盈的同类的斗争中赢得鲑鱼归。

▶ **欺凌战术**

　　一只成年鹰发起的飞行阻截。鹰与鹰之间很少发生肢体接触，这只成年鹰正在争抢较年少的鹰刚从河里拖出来的鲑鱼。

　　阿拉斯加的自然条件非常不利于年幼的秃鹰成长。在第一个严冬幸存的关键在于找到足够的食物，由于鹰主要以鱼为食，随着河流湖泊全面结冰，这就变得越来越困难。饥饿是一场真正的危机，因为在阿拉斯加严冬猛烈来袭前，雏鹰根本没有足够的时间来培养狩猎技能。

　　它们幸存的最大可能是找到一个能接近食物的地方。长达 8 千米的位于阿拉斯加南部的奇尔卡特河就是这样的一个地方，这里即便温度骤降到零下30 摄氏度或更低也不会结冰。原因是一种天然的水库——由砾石、沙子和冰川碎片积聚而成的扇形结构——装满了夏天融化的雪水。即便寒冬侵袭，水库的水温仍旧高于周围水温6~11 摄氏度，然后它慢慢渗入奇尔卡特河，使其不结冰。

　　这种自然深槽给秃鹰提供了冬天的救生索。鲑鱼用这段无冰水域的短河道作为秋季产卵的通道，但这也是吸引鹰的鲑鱼的洄游末段，有时到 12 月鱼类大量抵达。山谷依山傍水，草木丛生，还给鸟类提供了栖息地和躲避冬季风暴的避风港。即使 8 级飓风吹到了入海口，河流上游依旧水波不惊。

　　但是，这片山谷太受欢迎了，就可能因老老少少的鹰都从阿拉斯加南部聚集到这里而变得相当拥挤。大多数的冬天能看到至少 2 000 只鹰，有几年多达3 500 只，这可能是世上最庞大的鹰群。所以，新手所面对的竞争更加激烈。

　　在圣诞节前的高峰期，奇尔卡特河边的树上满是各个年龄段的鹰。但很快气温骤降至零下 30 摄氏度。老鹰浪费不起体力，因此它们在高处栖息好几小时，纹丝不动，这样可以消耗最少的体力。

　　山下的河流中，成百上千的死鱼和垂死的鱼被挤到河水寒冷的无冰河段中。光是一条鲑鱼就够一顿饱饭了——大的重达 10 千克，长达 1 米。但要抓住更深水域里的鱼是不可能的，要把一条鱼拖出来会冒把自己弄湿的危险。况且，就算鲑鱼被捕获，鹰也很少能将其独自占有。

　　年轻的鸟类通常是最雄心勃勃且最愿意铤而走险的。一只不顾一切的鹰最终会俯冲到水边拖出腐烂的尸体，或涉足水流湍急的溪流用强有力的鹰爪

捕获垂死的鱼。将河里的一条大鱼揪出水面相当费劲，需捕获后紧紧抓住不放，还要更加警觉。

　　一整条鱼实在太重了，要抓着飞行很困难，所以必须在河岸上吃掉一部分。一只揪着鱼的小鹰，对于体形更大、年龄更大、更加凶悍的鸟类而言就是个活靶子。小鹰几乎总是被迫靠边，等着挑战者填饱了肚皮，希望自己还能吃到点残羹。

　　和成年鹰交锋的冬天生死未卜。当遇到攻击时，一些小鹰只好放弃自己捕获的猎物，而其他的鹰则用翅膀拍打对手，并仅凭双爪戳刺对手。最惊人的交锋发生在当一只鹰俯冲而下，让一只正在摄食的鹰防不胜防之时——后者被撞倒翻滚进雪地里。在

▲ 冬季避难所

　　阿拉斯加的奇尔卡特河（从左到右）和齐尔库河（中间）的交汇处，几千只鹰在秋冬聚集于此，享用这片无冰水面，还能捕获产卵后聚集在浅滩的鲑鱼。温暖的水从融水水库渗入，防止这段河流结冰。

◀ 严寒的栖息地

　　鹰栖息在奇尔卡特河沿岸的杨木树林中。它们只有在饥饿难耐到无法继续节省体力时才会飞下去捕鱼。年轻的鸟类是最迫不及待想试试运气的一类。

▲ 黎明热身

两只鹰俯瞰奇尔卡特河。到了冬至，鲑鱼洄游结束，大部分鲑鱼的尸体都很难见到，所以只有几只定居的鹰留在原地。

▶ 当日美食

一只成年鹰拖着一条鲑鱼到没有雪的砾石上。它摇头晃脑地发声警告其他胆敢试图抢夺它食物的鹰。

▼ 最大的鹰得到最好的食物

第 136~137 页　小鹰（左）拖出了鲑鱼，但体形最大的成年鹰获得了战利品，其他鹰将吃剩下的。

猎食方面大型成年鹰通常是最一帆风顺的，但正在摄食的鹰在占有鱼食的情况下如果看到攻击来临更可能通过鸣叫去护食。

鲑鱼过了圣诞节就消耗殆尽了，到了 2 月，无冰河道开始从边缘结冰，一直到完全冻结，那里剩下的鲑鱼尸体要么冻结在冰层中，要么在很深的河里，让鹰们无法触及。多亏了鲑鱼，仍存活在这片区域的成年鹰在繁殖季节开始时身体条件极佳。

未长大成熟的鹰就没那么幸运了。它们被迫各自远离河边，通常向南飞到加拿大的不列颠哥伦比亚省，甚至到数百千米之外的华盛顿州寻找食物。但至少奇尔卡特河的丰富资源给它们提供机会度过了头几个冬天，尽管它们在准备好繁衍后代前还有好几个冬天要度过。

在炫耀中成长

如果年轻的榛鸡想要成功，它必须在斗舞场中学会表现自己

年轻的雄性尖尾榛鸡终究不得不投入生存游戏中，开始与成年鸟类较量。它要想有机会繁衍后代，就必须参与角逐，赢得配偶。这场较量可能会失败，还伴随着严重受伤的风险。

这些年轻挑战者一较高下的时候是在春天，那时美国蒙大拿州东部长满鼠尾草的草原上积雪未化。4月中的漫长的几天触动了雄鸟大脑中的某根弦，使它们昂首阔步，跳舞炫耀。

它们的主要欲望是赢得一个或几个配偶。而雄鸟们选择吸引雌鸟们的方式是聚在一起比舞，由雌鸟们来定胜负。这样的聚会被称为求偶会（鸟类繁殖期飞至求偶场地炫耀）——从昆虫到羚羊，很多动物都用这种方式求偶。但正是在鸟类中，这种配偶选择类型最为著名，尤其是在猎鸟中。

尖尾榛鸡的斗舞场是网球场大小的干燥开阔场地。这是传统地点，被年复一年使用，艾灌丛中被践踏的植被让场地能被轻松辨识。随着冬天的积雪开始融化，20多只雄鸟聚集在其中一个斗舞场，在曙光中开始斗舞，以争夺舞场的中心位置。

比舞程序是这样的：雄鸟将身体前倾，翅膀水平展开，短尾竖立，中央尾羽集中到一点（因此得名"尖尾榛鸡"）；它还炫耀双眼上的亮黄色肉冠和颈两侧的紫色色素囊，所有这些都在炫耀行为中膨胀，旨在威吓对手，吸引雌鸟。

如果一只雄鸟侵入邻居的领地或是发起进攻，那么这两只鸟就会冲上前打斗或是边猛跺脚边转圈——每秒约20次——使直立的中央尾羽"咔嗒"作响，发出"嘟嘟""咯咯""咔咔"和"吭吭"的声音。

交锋可能没有打斗就会结束，它们死死顶住对方，直到一方打退堂鼓。但如果它们势均力敌，那一场实打实的战斗可能在所难免。

▶ **尖尾榛鸡的斗争**

两只雄性尖尾榛鸡在求偶场——传统的草地斗舞场上占据有利位置。斗舞可能持久而下作，为了让对手出局，雄性会用爪子挠对方的眼睛和喉咙，还会跳跃和摔跤。

斗舞者用它们强有力的翅膀拍打对方，用爪子抓挠对方，以闪电般的速度飞扑过去啄对方的眼、喉。这种战斗可能耗时很长，斗舞场上羽毛漫天飞舞，淌着血的尖尾榛鸡在求偶场上追来逐去。这是年轻的鸟类必须迈入的角逐场。只有进入斗舞场，它们才有机会赢得配偶。但只有优势雄鸟才能最终占据求偶场的中央位置，吸引雌鸟的注意。

这些优势雄鸟往往明显比雏鸟更大更重，所以可能会更有体力坚持在求偶场上比拼，更有精力炫耀，也更努力战斗。经验较少的从属雄鸟最终被挤到求偶场的边缘，在那里它们吸引雌鸟敏锐目光的希望渺茫。

一旦雄鸟确立了自己的级别，雌鸟就都会开始进入求偶场。雌鸟需要慢慢挑选配偶，可能好几个早晨都会来参观求偶场。它要是进入斗舞场，雄鸟们会纷纷上前炫耀——通常雄鸟一拥而上，来势汹汹，雌鸟都是被强行逼走。但这都是比赛的一部分。

雌鸟的选择几乎都是占领场地中央的雄鸟中的一只。对于雌鸟而言，让所有雄鸟在一块狭小场地表现的好处在于它们能比较潜在配偶是否速度较快，也不用跑很远，这也可能会减少它暴露在捕食者前的时间。一旦交配完，雌鸟就和选择的配偶没有关系了，它随即离开去筑巢生儿育女。与此同时，雄鸟继续昂首阔步，跳舞炫耀，希望吸引到其他来访的雌鸟。

被挤到求偶场外围较年轻的鸟类不得不与所有角逐者比拼，才能让自己往场中央靠拢。它们可能要花上几年才能赢得其中一个优势席位。尽管它们确实有一丝希望在雌鸟穿越求偶场时将它拦截下来——前提是它们能不被优势鸟认出并暴打。所以，"少年"的日子不好过。但对于雌鸟而言，这种雄鸟技能的比拼和表演赛意味着它们有机会选择最强且最有能力的雄鸟来繁衍后代。

雌鸟慢慢挑选配偶，可能好几个早晨都会来参观求偶场，观察雄鸟比舞打斗。

◀ **雌鸟赢得奖品**

左上 一只较年轻的雄鸟正试图对较长、较大的雄鸟发起全面攻击，以占据它的位置。

右上 角逐者在用爪子互相抓挠。羽毛会飞起，还可能流血。

左下 角逐者在求偶场边缘炫耀，尖尾竖起，"咔嗒"作响，粉紫色隆起的色素囊随着它们的喊叫显现出来，亮黄色的眼部肉冠也随之凸现出来。

右下 一只雌鸟站在求偶场中央观看雄鸟炫耀。它可能要造访多次才能选出配偶，通常是选占据场地中央位置的雄鸟。

射艺课

观察长辈狩猎能学到技能，年轻则意味着拥有抢夺猎物的速度

◀ 大师级

喷水鱼大师正准备出击，小鱼们仔细观察着。它们正在学习的不仅是技术，还有对猎物将坠落地点的判断。它们蓄势待发准备迅速游到水面，然后抢在老师之前抓住猎物。

▶ 火力

大师喷射了一股强劲的水柱，可能会高达几米（超过1.8米），但要是距离再近些会很精确。大师知道根据猎物的大小确定喷射水柱的确切角度和强度——实践出真知。

许多鱼吃昆虫。鳟鱼会从水面上抓虫子，这个习性被食鱼的苍鹰充分利用。亚马孙龙鱼偶尔会跳出水面抓从河畔植被中飞来的昆虫。但喷水鱼已经把抓虫子的本领推上了新高。喷水鱼生活在亚洲和澳大拉西亚（一般指西南太平洋的岛屿）红树林沼泽咸水水域，它们从嘴里精确地喷射水柱，捕食虫子、蜘蛛甚至小蜥蜴，把在河边栖木上的虫子震下来，然后在它们掉入水中的时候将其吞入口中。

这种不同寻常的狩猎战术最早在1764年就被记载，不过只在最近几年，它真正的复杂性才被人揭示。乍一看，这些鱼不太像致命的掠食者，但它们的解剖结构为人类对它们专业的狩猎技能的研究提供了一些线索。首先，平淡杂色的斑纹和狭窄的身体让它们潜伏在红树林植被下阳光斑驳的水中时不容易被注意到。更不寻常的是，它们从鼻头到背鳍的身躯几乎呈直线，这意味着它们可以一直游到水面都不会暴露自己。

　　它们的眼睛也很特别。喷水鱼不但眼睛很大，视网膜中还含有专门的受体细胞，大大提高了它们区分不同颜色的能力：比如在绿色背景下映衬出的一只昆虫身上的棕色。还有它们的眼睛的相对位置意味着它们有一种双目视觉——鱼类中非常罕见——这有助于它们准确地判断距离。但与其说这是它们的生理专化性，不如说是它们的脑力让这些鱼脱颖而出。

　　它们狩猎时必须解决的第一个问题是如何发现合适的猎物，然后透过水面的畸变和涟漪瞄准目标。这很复杂，因为光线在水和空气的交界处会发生弯曲，这是一种折射作用——这是一个物体相对于在其他介质中的物体似乎改变了位置的一种视错觉。经验丰富的喷水鱼能够辨识这一点，锁定猎物，不管它们相对于猎物是在什么位置和角度。

　　一旦喷水鱼锁定目标，下一个挑战就是制造一股小水柱，精确喷射目标。喷水时首先要把舌头顶上嘴顶部的凹槽，形成窄长的管道。然后迅速地关上鳃盖，沿着这根管道喷射一口水。这"水枪"可以产生足够大的力量，发射一股高达 3.5 米的水柱，但是该水柱在射程小于 1.2 米时最精确。

　　喷水鱼并不是简单地袭击所选目标，它必须评估任何一个猎物的大小、类型（和"抓地力"）——抓螳螂可是和抓蚂蚁与蝴蝶差很多的。喷水的判断必须毫无偏差——水流大到足以把昆虫从栖木上打下水，但又不会大到把昆虫弹到周围植被中或其他潜伏的竞争对手方向。像喷水鱼的狩猎技术的其他方面一样，这一判断只有靠时间积累而来。缺乏经验的鱼经常不停喷水才能最终打下猎物。

　　即使成功地袭击了猎物，喷水鱼的困难也并没有结束。在红树林中，有很多机会主义者在寻找免费食物，

所以喷水鱼也必须非常善于夺回猎物——这就是它的预测技能和闪电般的反应速度真正的用武之地。

实验室条件下证明，喷水鱼在第一次击中目标的40毫秒内就能对坠落猎物的运动做出反应，并计算出它会掉落的地点——反应速度如此之快，它的竞争对手几乎不可能赶超，当然，除非对手恰好是另一条喷水鱼。这正是年轻的喷水鱼所面临的处境。

为了安全，小鱼们常常成群活动。所以袭击成功之后，难免有疯狂争抢的行为出现，小鱼们都争着要第一个抢到摔下来的昆虫。竞争如此激烈，击中目标的鱼有50%的可能失去这顿美餐（鱼群越大，挨饿的可能性越高）。但或许最值得注意的是，喷水鱼的所有这些才能都不是与生俱来的。虽然它们从小就会喷水，但它们最初喷得非常不准：它们无法修正水的折射，也无法判断正确的水量以打下不同类型的猎物。

狩猎过程中的敏锐性必须培养，而对于小鱼而言，提高技术的最佳方式不只是练习，还得找个好老师——一条对喷射"艺术"驾轻就熟的较年长的鱼。有机会观看"喷水鱼大师"狩猎的小鱼能迅速提高自己的技术，在喷水准确性上比没有老师指导的小鱼高得多，成功率也较高。

▲ **一击即中，夺回猎物**

从左到右 喷水鱼大师盯上了一只蝴蝶。它几乎立马根据猎物大小设定了所需角度和水流强度。蝴蝶从栖木上掉下，这条喷水鱼抢在观摩的小鱼们之前冲过去接住了猎物。

超级野兽之中的青年

在这里，非洲最大的水牛会战非洲最大的狮子

▲ 令人畏惧又担惊受怕

一头巨大的雄性非洲水牛对于任何狩猎者而言都是一个强劲的对手。公牛和母牛都会把牛角当作武器，而成年公牛的牛角已经从根部融合成了贯穿前额的骨盾。

◀ 游戏开始

一群雌狮公然接近一大群公牛，旨在挑出一个弱势个体。狮子和水牛在这个奥卡万戈三角洲比邻而居。这些狮子失去了惯常的猎物，便成了猎牛专家。

几年前，一条平移断层河道形成了杜巴平原上的一座岛屿，位于博茨瓦纳的奥卡万戈三角洲中，在仅 200 平方千米的草甸子上困住了一千余头非洲水牛。任何水牛群的核心都是成群的有亲缘关系的母牛和它们的后代，这里也是如此，只是这里的牛群规模大得多，并且混杂在其中的是另一牛群——公牛。

水牛种群的三分之一是小公牛，它们无法迁徙，还面临着各方的挑战和威胁。它们生活在群落的边缘，被严格的级系所支配，生命在此就是一场为了提高级别的持久战。

只有最大的公牛才能赢得一群与之交配的母牛，这些公牛很吓人。它们站立时肩高 1.7 米，体重超过 900 千克，它们的奔跑速度能够达到 55 千米每小时，至少短距离是这样。再加上某些可怕的武器——锋利的蹄和钩状的角，两角间距离超过 1 米，这就铸就了非洲最可怕的动物之一。

可能要花好多年，一头从属公牛才可能考虑去对抗这些怪物之一。同时，它会加入一个追随主牛群的（尚未交配的）小牛群。在这里，它将会磨炼它的战斗技巧，试着提高级别，做好充分准备挑战那些最高级别的公牛。

这些小牛的对决通常在威胁和怒号中迅速结束，但如果两头小牛旗鼓相当，角逐就会升级为激烈的持久战。公牛会冲向对方，低头承受巨大的牛角和头上受到的冲击。推推搡搡，冲冲戳戳，战斗很可能以较弱的角逐者被击倒在地、扬起一阵尘土而告终。

但在杜巴平原上，生存方程式中还有另一元素。由于水面上升，在杜巴平原上形成了一座岛，几个狮群也被困在了这里。狩猎者和猎物之间独特的激烈斗争也应运而生。由于少了它们惯常的猎物——斑马、长颈鹿和黑斑羚，杜巴狮子计划抓住好斗莫测的水牛。狮子通常在凉爽的夜晚狩猎，

但在杜巴，狮子们经常在正午追捕猎物。它们还采取了最有违狮子习性的行为——涉水，甚至游过厚纸莎草沼泽和更深的洪水，追捕沼泽周围的水牛。为了抓住如此强大的猎物，杜巴狮群变成了精力充沛的超级猫科动物，现在其他狮子已经望尘莫及了，比如，这些雌狮的体形几乎和博茨瓦纳其他地方的雄狮相仿了。

至于水牛，它们不仅生活在一个巨大的群体中，还一致对外，保卫自己。当它们需要休息的时候，由于它们经常要反刍，体形较大的动物会建立一个防护包围圈，聚集在一起，面朝外躺着形成防御墙。

但水牛不能时刻保持警惕。通过伏击或直接猛攻或打消耗战，雌狮通常都会找到方法从牛群中挑出最弱的成员。即使它们可以拖垮自己选择的猎物，狩猎也还远未结束。

尽管公牛之间会有交锋，但是受到威胁时，它们往往会同舟共济。较年轻的公牛通常会领头。常见到其中几头一次次冲进狮群，试图把它们赶走，以解救一头被击倒的水牛，让它重新得到牛群的庇护。在人们观察到的所有杜巴狮子的狩猎

◀ **超级猫科动物**

　　领头的雌狮猛冲过水域追赶水牛。长期在杜巴的沼泽环境中狩猎让这些狮子练就了肌肉发达的上身。它们是大型猫科动物中的巨人，比非洲其他任何猫科动物的体形都大。

▲ **狮子伏击**

　　一头雌狮与一头母牛扭作一团。狩猎队伍中总是一群雌狮协力伏击，追逐并推倒猎物，通常几头雌狮才能打倒一头发育完全的水牛。

▶ **奋力反击**

　　小公牛们联合起来对付一头雌狮。尽管它们互为对手，年轻的公牛们还是会团结起来赶走狮子们，它们也有能力杀死离群的成年狮子。

活动中，所记载的这些猛烈的反击占到了四分之三以上。更惊人的是，水牛会先发制人，攻击狮子，尤其是在它们偶然发现一头落单的狮子或是发现幼狮的时候。它们通常是全力出击，试图钩住并践踏那头不幸的狮子——当场干掉它或是让它受感染慢慢等死。

　　在角逐如此激烈的竞技场，年轻的公牛们不得不时刻保持警惕。它们承受不起一刻放松警惕所造成的后果，这既是因为它们在牛群中要为等级的提升而持续战斗，也是因为非洲最强大的狮子不断对其构成威胁。

▶ 紧张的对峙

　　母牛和公牛眼巴巴地看着狮群啃食着它们中的一员。在超过四分之三的狮子狩猎活动中，水牛会进行反击，有时会对狩猎者造成致命伤害。它们遇到任何幼狮都会将其踩死。虽然每月大约有20头水牛遇害，但是水牛的数量与日俱增，它们的命运和狮子的命运息息相关。

当黑猩猩的工具成为武器

从用树枝挖食到戳刺丛猴

有许多非人类动物使用工具的例子。加拉帕戈斯群岛（厄瓜多尔）上的鹱形树雀用仙人掌刺从枯木中取出昆虫幼虫，甚至还可能对仙人掌刺稍加修整。海豚把海绵衔在嘴里，保护它们的尖嘴在海床沉淀物中找鱼吃的时候不受伤害。海獭将石决明搬到砧石上，均匀放在胸部躺在水里。甚至还有一种生活在沙漠的蚂蚁，它们的工蚁将石子拾进颚中，丢在竞争对手聚居地的巢口，以阻止它们的工蚁出去进食。而灵长类动物，尤其是黑猩猩，才是人类所发现的最高级的工具使用者。

有人看到过黑猩猩用石头当锤子和铁砧把坚硬的坚果砸开，用撕成长条的树叶吸水，还用特地收集准备的树枝和草茎抓白蚁。在西非塞内加尔，一个种群——方果力黑猩猩——已经发展出了更令人瞠目结舌的工具使用文化，较年轻的从属动物和雌性动物需要带头。

方果力黑猩猩居住在分布着一片片牧草地、岩石高原和稀疏林地的大草

▶ **抛掷石头**

一只雄性黑猩猩站立着，毛发竖立，正要向对手扔石头。方果力（塞内加尔）黑猩猩会经常为了看得更清楚而站起来，偶尔为了行进更轻松甚至会直立行走。

▶ **捕食白蚁**

一只年轻的黑猩猩在抓白蚁，它用嫩枝做成的工具取出从土堆深处抓住的白蚁。它从妈妈那里学会了如何捕捉这些蛋白质丰富的白蚁当作零食。

原。这个旱季酷热、雨季暴雨肆虐的环境迫使黑猩猩的行为和它们的热带雨林亲属大相径庭。

它们走动的范围比目前为止研究到的其他任何黑猩猩都要大——超过 60 平方千米。它们由年长的雄性领头，很多时间都在地面上，经常一天步行 10 千米或更远，有时为了仔细观察周围环境会直立起来。由于旱季酷热，地表水蒸发殆尽，年长的动物知道在干涸河床的哪一处可以挖井，用手刮掉泥土和石头，就挖出了水。从属黑猩猩要等着轮到它们才喝水。这个时节方果力黑猩猩开始喜欢待在洞穴里，在一天中最炎热的时候在里面交际和小睡。

食物总是供不应求，和森林黑猩猩相比，方果力黑猩猩花大量时间捕食白蚁——一种宝贵的蛋白质来源——一年到头都吃。但在旱季，必须有其他创新。优势雄性黑猩猩猎食青猴，乃至狒狒，但与其他黑猩猩社群相比，它们很少分享肉类，可能是因为这些更难获得。所以身体较弱的雌性和从属黑猩猩被迫找到另一个蛋白质来源: 丛猴。这些小型夜行灵长类动物白天藏在树洞里，但方果力黑猩猩想出了一个抓住它们的新方法——用嫩枝。

当黑猩猩发现丛猴的潜在藏身之处——通常是空心树干，它就开始寻找一个大小适当的树枝——直径和扫帚柄差不多——然后折掉一段，通常约 60 厘米，再剥掉细枝和树皮。它不断地把嫩枝戳进丛猴可能躲藏的树洞中。狩猎者在戳刺间隙不断检查尖端，看是否戳中猎物。要是戳中的话，黑猩猩会闯进树洞，把丛猴拖出来吃掉。

方果力黑猩猩种群中，有人看到至少有 10 只雌性黑猩猩和从属黑猩猩这样捕猎，也有人看到其他的黑猩猩会改造嫩枝。小黑猩猩会观察大些的黑猩猩工作，还有人看到一只小雄性黑猩猩在摆弄嫩枝，可能是在学习狩猎技术。这是初次记载有非人类的哺乳动物用改造的武器杀死其他哺乳动物——这是灵长类动物脑力的一项证明。

先合作，再暗杀

如何成为蜜蚁蚁后

▲ 悬挂的贮蜜罐

蜜蚁中的"蜜罐"工蚁被挂在蚁穴深处。这些是最大的工蚁，它们被强行喂饲蜜露、蛋白质甚至是水，直到它们膨胀到樱桃大小。这些被挂起储存的蜜，能够在食物匮乏时吐出蜜露喂养该蚁群。

▶ 整个蚁群的蚁后

一只蜜蚁蚁后——现在主要负责产卵——由工蚁拥护左右照顾幼虫和蛹。它上方挂着的是生活食物储备。它可以活上 20 年或更久，为这个蚁群供给工蚁。蚁后的蚁穴和繁殖场在地下深处，以便躲避沙漠酷热。

成功并不总因最会打斗或最会狩猎而得来，有时还可利用"别人"获得成功。蚁后通常都非常好斗，但当未来的蜜蚁蚁后开始它的人生之旅，它的行为就可能成为合作的典范。这段旅程是这样开始的：在美国南部或墨西哥，在一天结束的时候，随着短暂的雨季来临，整个沙漠巢穴中的成千上万的处女女王和王子瞬间全体出巢。这种大规模的蚂蚁出洞最终以雌性接受交配后雄性死亡而告终。黎明前，交配完的蚁后早已回到土地中找到新的领地。

这场触发这一盛景的雨水也软化了土壤，让蚁后得以开始挖掘。一旦一只蚂蚁开始挖掘，其他蚂蚁就会很快加入进来。必须在太阳把泥土烤得坚硬无比前挖出个蚁窝，这意味着合作是成功的唯一途径。由于挖洞需要争分夺秒，几只蚁后就可能形成一支挖掘队。这一合作在整个沙漠的地面不断上演，成千上万的新巢一夜之间就挖好了。

一旦藏在与世隔绝的潮湿地洞中，每只年轻的蚁后就会立马产下第一批小蚁卵。在接下来的几周，它唯一的食物就是它储存的脂肪和变形的飞行肌。小工蚁破卵而出后，有些爬向产卵的蚁后，其他的则爬向地面为挨饿的蚁后和正在成长的蚁群寻找食物。但整个沙漠土地上充斥着新的蜜蚁群，却没有足够的空间容纳下所有蚁群，于是工蚁们被迫驱逐邻近的蚁巢。只有那些拥有工蚁数量最大的蚁群——而这又由建立王国的蚁后数量所决定——才能在互相残杀中幸存下来。

但是正当这些工蚁在地面上驱赶邻居时，为主宰蚁群而更隐伏的斗争正在地下展开，原来友好的皇室成员开始了权力之争。这是一场不平等的斗争。较弱的蚁后在更占优势的蚁后面前似乎卑躬屈膝。工蚁们开始挑选出屈服的蚁后们，先是反复袭击它们，再是进行攻击并把它们撕成碎片。蚁群中不容浪费。即便是一个皇室成员

的尸体，也会用来喂食成长中的幼蚁，其中一些幼蚁甚至可能是死去蚁后自己的后代。

　　似乎只有最有优势的皇室成员才能免于被工蚁袭击，在蚁群净化之终，它会成为仅剩的一只蚁后，所有工蚁都会效忠于它。它可能在它的地下碉堡中活上 20 年，在一个蚁群中统领成千上万只工蚁，这个蚁群可能壮大到统治一个巨大的沙漠王国。

第 5 章

求偶行为

动物世界中的求偶行为和伴侣关系常常与我们所想象的浪漫场景有极大的差异。自然界中的求偶过程虽然看似常常包含华丽的表演、赠送礼物以及充满激情的拥抱，但也往往充斥着欺骗、不贞和时有发生的暴力。

▶ **亲密瞬间**

一只雄性银背山地大猩猩正抱着它众多"女眷"中的一位交配。它会与觊觎其"后宫"的其他雄性对手展开激烈的斗争，同时它会极其温柔地对待它的家庭。

▲ **献花**

前页 一只雄性塘鹅正向它的求爱对象献上红色剪秋罗花作为礼物。

一生只与同一个伴侣相处是非常罕见的现象。这种现象仅仅发生在鸟类中，而且也只有少数种类的鸟类，如信天翁、天鹅和鹅，年复一年地与同一个配偶相伴。四处游荡的信天翁也许是这之中最让人印象深刻的，它们奉行配偶的终身制——一段可以超过40年之久的伴侣关系。90%以上的鸟类有着明显的一夫一妻制——至少在一季内只与同一伴侣交配孵育后代。它们能这样做的原因部分源自于雄鸟的幼鸟养育能力与雌鸟同等（与哺乳动物不同，因为只有雌性哺乳动物可以提供母乳）。然而，长期以来已经有迹象表明，一夫一妻制显然不代表对配偶的绝对忠诚。

雪雁的羽毛颜色分为白色和蓝色两种，常常会有一对纯白雪雁产下一些蓝色幼鸟的现象，这种现象恰恰说明它们一夫一妻制的背后其实另有故事。DNA指纹研究也印证了鸟类背叛配偶是常有之事——从麻雀甚至到部分种类的信天翁。因此，在这场择偶之战中，雌鸟会选择鱼与熊掌兼得的方式，与善于哺育幼鸟的雄鸟一起养育后代，与其他雄鸟交配以获得不同或者更优良的基因——享受着基因混合的乐趣。

无论是何种动物种类，常常都是雄性付出更多的心血和努力来求偶，雌性则有更多选择可挑选其伴侣。这是因为正常情况下，雌性在孕期和哺育期投入更多，而雄性只需简单地完成授精，无需承担哺育后代的重任。

最极端的例子当属极乐鸟和园丁鸟，很可能是由于在热带雨林环境下，充足的食物允许雄鸟肆意挥霍，也让单身的鸟妈妈们足以哺育幼鸟。雄鸟会花几周甚至几个月的时间去讨好嫉妒挑剔的雌鸟，这些雌鸟在交配后就与它们没有干系了。

然而，在一些鸟类族群以及部分其他动物种类中，需要雄性哺育后代，此时雄性动物则需要向雌性证明其作为合格父亲的价值所在。燕鸥在求偶时会将其捕获的鱼赠予雌鸟作为礼物，雄性欧洲鹪鹩和织巢鸟则会通过筑巢向潜在配偶展示其动手能力。

在哺乳动物中，雌性常常鼓励雄性追求者用相互打斗争取胜出的方式来证明自己，在这场战役中雄性动物为了赢得雌性甚至会付出生命代价。

印度羚和海狗经常需要通过异常激烈的打斗去守护其领地，而且雌性择偶的标准似乎基于雄性所拥有的领地而非其外表。雄性很有可能在这个过程中"为爱而死"，或因受伤、体力透支，或在虚弱状态下被捕食。但是坚持到最后的勇士往往能获得丰厚的奖赏——一头获胜的雄性海狗在一季之内可以与10只甚至20只雌性海狗交配，而它的手下败将则一无所有。

如果由于体形过小而无法和体形硕大的对手直接打斗，那么进行诈骗也许会是最好的战略。小型雄性鱼类和无毒条纹小蛇甚至会通过模仿雌性来接近正在求偶阶段的伴侣，并在"大块头"雄性对手的眼皮底下与其求爱对象进行交配。

在所有动物种类中雄性蜘蛛面临的压力是最大的。色彩美艳的孔雀跳蛛在求偶时会表演十分复杂的舞蹈，然而一个错误的舞步就很可能使这位求爱者变为盘中餐。

▶ **大极乐鸟的表演**
一只雄性大极乐鸟到了它求偶表演的最后阶段。雄性竞争者们会聚在一起进行集体演出，雌鸟将综合考虑它们的长相和表演并选出最终的"伴侣"。然而进行完交配活动之后，雌鸟与这只雄鸟就再也没有干系了。

靠脖子险胜的雄性象鼻虫

当钻洞成为性感的行为

在求偶时体形大小往往也很重要。乍一看，对长颈象鼻虫这种长相怪异的昆虫来说，给对方的第一印象是赢取求偶机会的最关键因素。雄性那细长的喙（眼睛下面长得像鼻子的部分）占据全身身长的一半（因而得其名），顶端是一对触须和螯状的口器。最大的雄性象鼻虫的体形是最小者的 6 倍。尽量差别那么大，但并非只有巨型象鼻虫才有机会繁衍后代。

长颈象鼻虫其实是甲壳虫的一种，体形最大的生活在新西兰，常常出没在将死树木的树干之上。无论雄性或雌性，其体形大小各不相同，但雄性会更大些，身长达到 120 毫米，相较而言，雌性中最长的体长也只有 50 毫米。它们的幼虫期为 2 年，其间不断地在树干钻洞，最终等到长大时才钻出树干。虽然成虫期只有短短的数周，其间以褐色树皮作为伪装，但它们充分利用成虫期，聚集在一起组成 100 多只的繁殖群。

和雄性不同，雌性的触须远远位于喙的下端，位于喙梢和它眼睛的中间位置。这样它就可以在用喙的末端钻洞来存放虫卵的时候免受其他虫的侵扰。在钻洞的时候，它会有节奏地左右摆动以割穿树木，并时常停歇一下吐出喙里积攒了的木屑，再用触须轻盈地将其弹去。等洞钻到 3~4 毫米深时，它才调转位置，将虫卵产于洞内，再用钻出的木屑遮盖住洞口。整个过程耗时大约半小时。

只有当雌性在树干上钻洞时，雄性才会与它交配。也就是说对雄性而言，雌性最性感的时候就是开始钻洞的时候。第一只经过的雄性，无论其体形大小，都会被吸引住而停下立在雌性身边守着它。这样雄性就能在雌性产卵之前让虫卵受精。当然，雌性并不只和这一只雄性进行交配。各种大小不同但侵略性强的雄性都在等着填补上位，这正是它们的集聚地。

▶ 竞争对手

雄性象鼻虫被雌性的气味所吸引，会聚在一起搏击以赢得雌性的好感。在象鼻虫的世界里，体形大小很重要，而关键则在于有很长的"鼻子"，也就是触须。在触须的末端是被用作武器的螯。

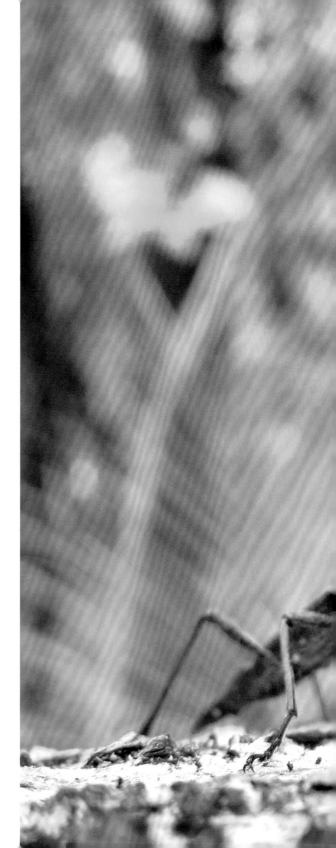

体形更大的雄性悄悄靠近，并用它的长触须扫过正在守卫着的雄性躯体，努力弄伤并驱逐它。如果这样没有用，它会用它的上颚撕咬对手的肢体。有着更长触须的雄性能够更有力地在够得到的位置伤害对方而又不会使自己受到伤害。直到其中一只雄性撤退或是被扫出树干，战斗才宣告结束。

在一对一的战斗中，体形小的雄性并不能与体形大的进行对抗，因此也会避免遭受正面攻击。那它们要怎样才能赢得交配机会呢？它们能做的就是围观体形大的雄性相互斗争，等待出击机会。如果两只雄性被斗得分了心，独自留下雌性无人照应，体形小的雄性可以乘虚而入和雌性交配。

就算体形大的雄性已经守卫了一只雌性，并且已经使部分虫卵受了精，也并不代表战斗结束。体形小的雄性可以尽量保持躯干平直，摆低它的触须，伪装成不像雄性的模样，未被察觉地从体形大的雄性脚下溜进去。然后它会小心翼翼地与雌性进行交配，而不被幸福地站立守卫着的雄性发现。所以至少还有部分雌性产下的虫卵是被体形娇小但狡猾的雄性授了精。

▶ 守卫者与钻洞者

一只雌性正在用它的触须在树木上钻洞。身边站着守卫它的是体形大的雄性，想要确保只有自己才能让雌性的虫卵受精。当雌性钻完洞后，它会掉转身体往洞里产下虫卵。

沉重的性爱

为什么雌龟希望自己不那么有吸引力

雄性绿甲海龟求偶的方法太过激烈，以至会让它享受激情的对象屈从于它并备受折磨，看似想把对方淹死一般。

求偶雄龟的第一步行动便是拦下一只雌龟，时间和地点的选择则是在雌龟准备产卵的时候以及靠近筑巢沙滩的地方（通常是它40~50年前被孵出的地方）。当"精"力旺盛的雄龟找到了一只尚未进行交配的雌龟后，它便面对面嗅舔雌龟的脸。如果雌龟默许了，它会允许雄龟在它后方来回游并且爬到它身上，雄龟用蹼上的爪勾在它的壳上，雄龟凹陷的底部舒适地贴在它凸起的上壳上。

雄龟的长尾巴前段有角质爪，用来勾住身下的雌龟，使得自己的精液能够进入雌龟的泄殖腔，也就是最终会产卵的尾巴根部的一个开口。如果雌龟不想让雄龟插入泄殖腔，可以夹紧它的后蹼或者紧贴在海底并把它的尾部藏入沙中。请记住繁殖季可能会发生些什么，你就会明白雌龟这样做有时是很常见的。

一旦确定交配，它们会一起游过温暖的热带水域，紧紧相拥不分彼此。但蜜月期总是短暂的。如果附近正好有一只不幸没有找到交配伴侣的雄龟，它可能就会前来拆散原先这对。

它会先移动到后方的位置，再用它锯齿状的尖嘴试图啄咬原雄龟的尾巴和蹼，之后再着重攻击其尾巴根部更为娇嫩的皮肤。骑在雌龟背上的雄龟会受伤，但仍不愿松爪。接下来事态就更严重了。

其他雄龟也会前来加入争斗。作为爬行类动物的绿甲海龟需要呼吸氧气，而此时此刻的雌龟已经开始筋疲力尽，边带着自己的伴侣游泳边要甩开其他的追求者。

◁ **雄龟的负担**

一只雄性绿甲海龟正勾住另一只雄龟，想要将它从雌龟身上赶走。这时雌龟不得不负担双重重量挣扎着游到水面上呼吸短短的几分钟。如果竞争对手赶走了原先已配好对的雄龟，那就有可能有一些卵会被第二只雄龟授精。

它得每隔几分钟就浮出水面一次，可当竞争者越来越多时，就很难浮出水面了。有时当竞争的雄龟拼命的时候会勾住原先已配好对的雄龟，之后的雄龟又会勾住前一只，如此下去直到雌龟要带着 4 只雄龟一起游动。

要身背 4 只重达 180 千克的雄龟浮出水面绝对是一种拼死挣扎。这样的放纵形态会持续 12 小时直到雌龟最终解放并游到海滩上产下已经受精的卵。

提醒一句：雌龟不仅要负担雄龟的重量，而且还有主动送上来的拥抱。等到了雄龟最为期待的繁殖季节，它们根本不挑剔，所以会被渔夫用绑着一根线的木制诱饵所抓获，然后渔夫将雄龟和它新找的"配偶"一网打尽。有些极其渴望交配的雄龟还想尝试附在人类潜水者身上。因为人类潜水者并没有像龟那样屏住呼吸的能力，所以都会被提醒留心远离饥渴又鲁莽的爬行动物。

◀ 追逐

　　相拥在一起的一对配偶正被 6 只或更多的发情雄龟追逐着，它们都想要赶走已配对的雄龟。追逐可以长达几小时，使得雌龟越来越难浮上水面呼吸。

亮丽招潮蟹不惜一切只为带雌性回家

雌蟹想要的是生活和产卵的地方

▲ 欢迎来我洞

一只颜色一点儿都不显眼的雌招潮蟹站在被雄蟹占领的洞穴入口，雄蟹伸长钳正在和竞争对手对打。另一只雄蟹想来挑战并抢占洞穴和雌蟹。之后必将是一场激战。

▶ 上下挥舞

一只雄招潮蟹以亮丽的蓝黑作为背景挥舞着它巨大的白钳，传递出强烈的视觉信号。对雄蟹来说这意味着躲远点，而对雌蟹来说则意味着吸引。

对有些雄性来说，它们可能体形不够大，色彩不够艳丽，无法吸引雌性并与其交配。它可能得提供一个新家并且全力对付竞争者，竞争过程中都是以命相搏。这完全就是指的优雅的雄性招潮蟹。

小招潮蟹栖息在澳大利亚北部海岸边缘红树林泥滩的最高处。选择那里的原因是那里的泥土仅有几天只在海水最高潮汐（即两月一次的大潮）时被覆盖。其他时间，泥土都被烤得很硬，螃蟹则在地下洞穴里休栖。螃蟹出来捕食交配的唯一时间就是每个月退潮的那几天里的几小时。

等到泥土全都外露之后，所有的招潮蟹都会爬出来在几小时内疯狂地捕食，直到泥土变干变坚硬。它们用像镊子一样的钳舀起湿润的泥土，用它们的嘴进行过滤提取出海藻和其他营养素。虽然只有小于6厘米的体宽，蓝白色的雄蟹（配以红白色的蟹钳）却非常显眼，这鲜艳的外表和雌蟹泥土色的外表形成了鲜明对比。雄蟹的另一个显著特征是一只巨大的战斗钳和一只捕食用的小钳。相比之下，雌蟹可以交替使用两只钳将食物送入嘴中，这使得它们在地面上的时间比雄蟹少了一半。所以最后泥滩上就只剩下亟需进食的彩色雄蟹。

吃饱后，雄蟹还有其他的任务。它需要清理它的洞穴，用脚拨走不想要的泥沙，再用大钳检查一下洞穴大小，通常它都是为了迎接雌蟹的光临才进行修补。所以它之后就得开始吸引雌蟹。它边在泥滩上来回爬动，边将钳举过头顶然后放下，这样，以黑蓝为底不停闪过的白光可以让任何经过的雌蟹都注意到且被诱惑。

问题是这样的白光也能吸引捕食者的注意，比如翠鸟、燕鸥和鸢，

求偶行为 **177**

它们都喜欢吃蟹。

红林翠鸟会从附近的一棵树上的有利位置跃起，冲入蟹的群居地抓起一只闪白光的蟹，战利品则都堆积在它的栖息地。燕鸥和鸢则更为投机，它们从群居地上空掠过，抓住还来不及找到庇护或是离自己的洞穴太远的蟹。遭遇鸟袭时，蟹会往各个方向逃避，钻往地下。这是面临生与死的"打地鼠"游戏。这样的危险也解释了为什么这些招潮蟹喜欢住在外面的群居地，远离捕食鸟栖息的大树，尽管这意味着得要接受炙热的热带阳光的烘烤。最好的洞穴位于群居地的中间位置，那里的蟹能够根据周围螃蟹惊慌寻找庇护的行为提前得知危险。

白光也会吸引其他的雄蟹，它们想要占领原先雄蟹的洞穴，不仅是为了自身的安全，也是为了如果那个洞穴处于更好的位置，也就能够吸引雌蟹。所以有

着理想洞穴的雄蟹尤其要忙着应付侵入者。

巨大的蟹钳直指侵入者，这时候蟹钳大小就很重要了。如果对手的蟹钳较小，它就会退缩；如果对手的蟹钳和自己的一样大，那么就要开始一场激战了。洞穴的所有者站在洞穴口保护着，两只雄蟹相互推搡，想要让对方失去平衡。如果双方势均力敌，那么一场较量可以持续数分钟，但是通常都是挑战者失去平衡并被扳倒。这时它会自行离开，所有者继续守卫洞穴。

等到太阳高挂，气温达到 35 摄氏度，洞穴所有者开始加固洞穴边缘，并把球状营养沉积物送至洞内为即将到来的蜗居做储备。储藏满食物也能让它的洞穴更加容易吸引未来的伴侣前来。

当雄蟹杆状的眼睛盯上了视野内的一只雌蟹后，它挥舞钳的频率从原来的 5 次每分钟提高到了 20 多次每分钟，然后爬过去与雌蟹碰面。它将自己彩色的背

部展露给雌蟹看并挥舞它巨大的白钳，在背朝着雌蟹的同时，它也会将雌蟹往自己的洞穴里推，并且像要吸引对方似地抽动自己的身体。如果它太过冲动吓到了雌蟹，雌蟹会躲到它的钳下，然后急忙爬走。如果它"勾搭"的技巧准确，那雌蟹会很乐意被推到洞穴。

等到这一对快到洞口的时候，一只来竞争的雄蟹可能会前来干涉并抢走雌蟹。这也意味着有时是一场战斗，留下雌性独自走开。但一旦洞穴所有者将自己的竞争对手举起并脚离地再将它甩走后，它会再次出发寻找雌蟹，然后再把雌蟹推回它的新家。作为回应，这一次雌蟹可能会直接钻进洞里。等到它不再爬出来，大概是对洞内的食宿情况很满意，它的配偶会最后挥舞一次钳，可能是表示胜利，然后积攒了一堆泥土用来堵住洞口。它将一侧的脚摆成篮子状，并将土装入其中，然后用另一侧的腿爬回洞中。接着它再将泥土

倒在洞口并封住。远离侵入者和热带阳光的干扰，雄蟹将让雌蟹的卵受精，而后它们还会在这临时的家里待10天左右，等待卵在雌蟹身体下孵化。

等到再一次的大潮盖住了泥土，雌蟹就会冲出洞穴，然后将自己的卵排入大海以孕育下一代。

◀ 竞争
两只蟹钳大小相当的雄性招潮蟹正在竞争。在它们来回争斗的时候，它们争抢的目标雌蟹可能会因失去兴趣而爬走。

▲ 封闭洞穴
雄蟹在封闭自己的洞穴以抵御即将到来的潮水。食物已经储藏好，也已经吸引一只雌蟹爬进洞中。

建筑师、表演者、诱惑者

火焰辉亭鸟在自己搭建的舞台上表演

许多鸟类靠色彩斑斓的羽毛和戏剧性的表演来吸引伴侣，另一些则依靠搭建让同类异性印象深刻且具诱惑力的枝叶遮阴棚。而火焰辉亭鸟则很成功地结合了这两者。不仅是因为它有超乎寻常的建造和舞蹈才能，也是因为它甘愿为爱痴狂，愿意不惜一切地追求所爱。

新几内亚西部森林的一个栖居地里，雄性火焰辉亭鸟那令人震惊的红白色羽毛通常都让人以为这是天堂鸟，后来它就成为了园丁鸟家族最早的成员了。园丁鸟的羽毛多为素色，而它常常倾尽全力，在自己的遮阴棚上点缀以颜色，这小屋很清晰地展现了雄性建筑师的实用主义精神以及艺术才华。通常这些遮阴棚都是由一条道两旁的两排竹棒牢牢插在地面上建成的，再用红色、蓝色或是紫色的椰子和浆果进行点缀。有些园丁鸟特别喜欢这些颜色，它们还会去收集塑料瓶盖、晾衣夹、钢笔和其他人造的战利品（见第 79 页）。但火焰辉亭鸟的建筑工艺和它的表演都特别卓绝。

4~9 月的繁殖季节，雄性会建一个相对简易的细枝遮阴棚，并且每天刷上一层新鲜的泥。看起来是阳光明媚的天气鼓励着它建造，因为它更喜欢充足的阳光照耀它的小屋以展现最佳效果。但它需要找到蓝色的物体来装饰遮阴棚。树叶和浆果可以做成最棒的花束。

如果遮阴棚里没有鸟看着可是很危险的。如果它飞走去收集资源，可能会发生很多事情。雌性天堂鸟可能会袭击遮阴棚并且为了自己的鸟巢而盗取树枝。年幼的雄性园丁鸟会去向年长的园丁鸟学习并练习建造技巧，可能也会想要改造遮阴棚，按照不同的方式摆放树枝。等到所有者回来后会发现场面一片狼藉。

一旦遮阴棚建造完成，阳光普照下来，雄鸟便开始呼唤，这是一种哀伤的单鸣。而一旦浅褐色和橄榄绿色的雌鸟靠近后，它便转换成奇怪的电音喘息，雌鸟越靠近，声音就越响。等到雌鸟看了遮阴棚的两端，

◀ 鸟与棚之美

雄性火焰辉亭鸟站在它新建的遮阴棚里。它长相似天堂鸟，还有着园丁鸟的设计才华，如果它想要赢得最为挑剔的雌鸟的芳心，就必须得结合两者的最大优点。

▲ 建造遮阴棚

　　左上　一只未成熟的雄性火焰辉亭鸟站在它建造的非专业的遮阴棚旁边，并且口衔一只甲虫作为献给雌鸟的闪耀爱情象征。

　　右上　一只成熟雄鸟正在修复被竞争对手破坏的遮阴棚。

▶ 电音喘息状态

　　如雄鸟所愿，雌鸟站在了遮阴棚入口。为了一直吸引雌鸟的注意，雄鸟开始进行它下一阶段的表演。一段快速的喘息呼唤能够持续吸引雌鸟注意，雄鸟准备展开翅膀，它的嘴中叼着蓝色浆果的爱情象征。

它便开始进行满是激情的表演。它先是摇晃那显眼的黄黑色翅膀，然后再展开。它害羞地将头低下藏在展开的翅膀下，就好像耀眼的穿着制服的斗牛士挥出他的披风。然后它慢慢抬起脚趾，再快速地放下去。它重复这样的动作，但之后增加了在翅膀后慢慢扭转自己身体的慢动作。

　　但表演中最有吸引力的地方会因竞争对手的到来而被毁。因为被打扰，雌鸟和雄鸟都会飞走，留下竞争对手毁坏遮阴棚。等到雄鸟回来后，它得重建遮阴棚，煞费苦心地再次用泥土粉刷一遍。等到阳光再次照耀，并且雌鸟来临，它就会继续它的表演。等到表演到最激情的时候，它会给雌鸟它自己的一点东西。如果雌鸟对给的东西不满意，比如说一片淡紫棕色的叶子，雌鸟就会飞走，使得它不得不飞更远以寻找亮丽的蓝色浆果来装饰遮阴棚。

　　如果雌鸟又飞了回来，它会快速扯下最美的一颗浆果，然后继续它的表演，蓝色的爱情象征和翅膀的壮丽景象形成对比。一旦被它的表演所迷惑，雌性会允许它用头部挑逗雌性身体，然后与之交配。这是它在繁育下一代时的唯一贡献。雌性园丁鸟会飞走独自孵育下一代，而雄鸟则继续建造它的遮阴棚希望能吸引更多的伴侣。

  它害羞地将头低下藏在展开的显眼黄黑色翅膀下，就好像耀眼的穿着制服的斗牛士挥出他的披风。

为什么小雄性要做出大作品

河鲀的刚毅取决于它的超凡结构

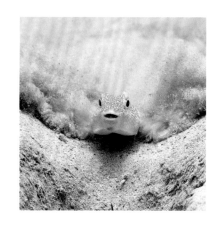

▲ 建造

一条雄性河鲀正在用它的胸鳍拔走沙子，钻出沙中，并打造出状似轮子辐条的地洞。

▶ 爱之轮

要创作出这样一幅匀称巨作需要耗时 7 天。中心不规则的波浪线是为了告诉雌性：中间有适合的软土等待产卵。

有时，你越不出众，就得要做得越多以吸引伴侣。毫无生气的小生物建造了自然界中最迷人的情人节礼物——一幅在作品被发现超过 15 年后才知道创造者身份的手工图，就是例证。

时间回到 1995 年，在日本奄美市（位于日本大陆南边的一座亚热带小岛）海岸的沙质海床上发现了奇怪的几何图案。当地潜水者第一个发现了这神秘的圆圈，并且争论这究竟是一种自然现象还是神秘创造者的作品。

每一幅作品都是大概直径一米的光滑沙圈，就像轮辐一样向外辐射大概 30 条，是一幅完美对称而且十分美观的艺术作品。究竟是谁或是什么生物创作了这神秘作品？

直到 2011 年，一条很小的棕色河鲀——体长不超过 12 厘米，在创作时被发现，谜底才揭开。它为什么要这么做？因为是雌性河鲀要求它这么做的。雌鱼需要一个完美的地方产卵，所以雌鱼会根据雄鱼的工艺水平来判断它是否适合作为交配对象。

为爱劳作的它先在深度为 10~30 米的沙质海床上选择一块区域。刚开始的几天，它在沙地里来回钻洞，用自己的胸部和尾鳍挖地洞。从正中间开始，它创作出了"轮子的辐条"：在爬动时顶起沙子，在外圈内留下了一连串的凸起。但在中心位置，它的举止就完全不同。它将中心位置的杂草、贝壳和珊瑚碎片挑出来，并丢到圆圈外。它打洞带来的加上地洞里的水流导致最好的沙质都成堆地移到了中间位置。在中心，它用它那特殊的臀鳍铲平表面，就好像用犁铲平表面使得沙质更加分散。

整个过程耗时 4~7 天，这段时间内它还要将其他鱼群赶出这块区域。最后一步，它要在中心创作出一种不规则的波浪线图案。现在巨作已经创作完毕正等待观赏。

因有鱼卵而肚子鼓气的雌性前来观赏雄性的作品。但在雄鱼赶走雌鱼之

前雌鱼只能快速地瞄上一眼。等到第二天黎明，中心的波浪线消失，也就算是一切就绪的标示了。

现在肚子肿胀的雌性迅速地靠近并直冲进中心地区，然后在完美的软沙地区上方盘旋。雌性已经选择了这只雄性和它的圆圈，现在雌性正在等待。雄性猛扑过来咬住雌性的下巴并紧紧地将身体与其贴合在一起。雌性颤抖着身体并流出几颗鱼卵，在鱼卵掉落到沙地之前雄性会使鱼卵受精。这样的过程在接下来几小时不断重复，直到雌性的肚子缩回到正常大小为止，而雌性的脸也因被雄性不停地留下爱痕而青肿。雌性彻底排空鱼卵后便离开了巢区。

现在雄鱼将从建设者的身份转变为父亲的身份。接下来的一周，它要将鱼卵聚在中心，用自己的鳍给它们扇风以汲取氧气，还得驱赶来猎食的鱼。但它任由自己的作品被洋流冲散，直到沙地上只留下淡淡的图案印迹。等到鱼卵孵化，它的养育责任也就此结束。现在它可以再次变为创作者，选择一片新区域并创作新的圆圈。从 4 月到 8 月的繁殖季节，它可能要在一年内创

▲ 检验合格
待产雌性河鲀（左）在中心柔软沙地上方盘旋，查看此处是否适合产下自己的鱼卵。

▶ 爱痕
雄鱼被留下爱痕，能使得交配关系更加亲密，现在微小的鱼卵正等待产下并受精。

作许多这样的巨作。

　　但仍旧有几个谜团有待解决。首先，如果建造鱼巢需要花费大概辛苦的7天时间，为什么雄鱼要离开原先创作作品的地点去新的地点重新创作？答案可能藏在中心区域凸起和凹陷的布局里。

　　流体动力学试验已证实当鱼类在沙地里钻洞时，凸起的地方将最轻且最小的沙粒沿着洋流的方向推至中间地带。凸起使得冲进中间地带的洋流减少了25%。所以最适合的沙粒被吹至了中间，不断地积累变成了最适合产下鱼卵的地方。但一旦雄性不继续建造而去照看鱼卵，好的微粒最终会被吹走，所以雄鱼需要一个新的未被启用的地点进行创作。

　　最后一个谜团就是创作者自身的确切身份，我们只知道它来自奄美群岛南部的两处海湾。虽然它很明显属于河鲀家族，但其外表和行为举止却与河鲀家族其他成员完全不同，如今它正等待被授予一个确切的学名以使其名声完美。

　　雄性猛扑过来咬住雌性的下巴并紧紧地将身体与其贴合在一起。雌性颤抖着身体并流出几颗鱼卵，在鱼卵掉落到沙地之前雄性会使鱼卵受精。

优雅的侏儒鸟和它的伴郎

它们都有翅膀，它们都会跳舞，但只有一只会被选中

▲ 大师

　　雄性长尾侏儒鸟为了表演已装扮好。它修长的尾羽能够为它的舞蹈加分。

▶ 舞蹈组合

　　大师和它的陪衬站在表演场上。雌鸟会评判这对组合表演的一致性和优雅性。可是就算得到满分，也只有大师才能进行交配。

　　通常在交配中所有雄性都互为死敌，但有些时候它们会相互合作以确保有最佳机会赢得胜利。长尾侏儒鸟之舞就是这样的"君子协定"的一种罕见例证，两只或更多的雄鸟组成团队来吸引未来的配偶。

　　长尾侏儒鸟栖息在中美洲的茂密热带森林里。雄鸟颜色鲜艳，一对修长的尾羽比它的身躯长得多，而雌鸟则呈现单调的橄榄绿色。

　　年幼的雄鸟刚开始与雌鸟相似，但每年几次的换毛使得其毛色越来越鲜艳。先是红色鸟冠，然后是黑色脸颊，随后是黑色身体，直到第5年的最后一次蜕变，出现墨黑色身体、蓝色翅膀和醒目的红色鸟冠。侏儒鸟很长寿，这很幸运，因为雄鸟既需要时间让羽毛更加艳丽，又需要时间提高舞蹈水平。

　　4月，雄鸟们聚集到林下植被构成的我们所知的求偶场。每个求偶场会有一只领袖鸟和一只陪衬鸟，只有这两只能够为雌鸟舞蹈，而其他11只排名靠后的雄鸟则作为学徒。中央水平的舞蹈场地周围的叶子和悬垂的植被已被清理掉，可使得来围观的雌鸟观看雄性表演时视线不受阻挡。

　　幼鸟们聚集在它们自己的练习场一起跳舞，但有时它们也会去围观成年大师的舞蹈场地。令人惊讶的是，幼鸟并不会被驱赶，而是被允许观看。它们单调的羽毛颜色也告诉了成年雄鸟它们并非威胁，所以它们可以观看学习，而且这场表演也确实值得观看。

　　领袖鸟和陪衬鸟两只雄鸟组队可以长达10年时间。领袖鸟9~10岁，而陪衬鸟作为它的陪衬，年龄比领袖鸟小1~2岁，它们在一起训练了许多年。等到领袖鸟想要去吸引雌鸟时，它会发出类似"嘀哞"的声音召唤陪衬鸟的帮助。两只鸟会飞上天空，一起发出极具特性的声音，类似于"托莱多"，所以又被当地人称为托莱多鸟。

　　等到雌鸟来临，3只鸟会一起飞回表演场地。接下来表演开始，要完成16个不同动作。首先一只雄鸟会蹲伏然后开始快跑。接着两只雄鸟会轮

▲ 舞蹈观众

　　雌性侏儒鸟站在观赏树枝上评判两只雄鸟的表演。一只雄鸟蹲下，然后开始快跑；另一只则一跃而起后展翅而下。

▶ 最后一幕

　　领袖鸟昂起红冠，并和认可它表演的雌鸟进行交配。而纵使陪衬鸟跳得再好，也没有机会交配，除非它继承了领袖鸟的舞台。

流跳到空中然后再振翼落下，同步交替地做动作，并向雌鸟鞠躬。等到舞蹈更加热烈时，它们会在舞台边缘侧走，彼此跳过对方的背，而脸则永远面向观众。

　　雌鸟会从树枝的一端跳到另一端，这样它就能在两边都欣赏到舞蹈了。这迷乱的画面由绿色森林作背景，红蓝色不断闪耀。其他的动作还有甩动尾巴和在舞台上 180 度旋转。但是它们也会突然从舞台上腾空飞起像蝴蝶一样挥动翅膀，轻快地飞过下层林木或是在天空来回盘旋。最后一个动作是领袖鸟鞠躬，昂起自己的红色鸟冠朝向雌鸟。随后它用另一种鸟鸣让自己的陪衬鸟离开，自己则和雌性进行交配。

　　但雌鸟也并非那么容易就满足。如果雄鸟们漏了一拍，互相撞到一起，或是舞蹈没有同步进行，就算它已经看了超过 20 分钟的表演，它也会振翅飞走。所以舞者们必须要为表演做好准备，它们可能一天要给 10 只挑剔的雌鸟表演。

成功交配可能只需几秒钟，随后雌鸟飞走独自抚养幼鸟。它已经不再需要提供精子的雄鸟，因为热带树林里有充足的水果供自己和孩子吃。

　　但是两只雄鸟的关系则更加长久，它们组队一起可以长达将近10年。这对陪衬鸟来说有什么好处呢？乍一看好像没什么好处。首先陪衬鸟为了被领袖鸟选中而拼命劳作从而减重，它们的死亡率很高；而且陪衬鸟仅有1%的机会能够交配。好处可能就在于领袖鸟死后把舞台留给陪衬鸟继承，陪衬鸟从而变成了主要表演者，如果跳得好的话，就能在自己的舞台上成为雌鸟的主要精子提供者了。

　　领袖鸟和陪衬鸟两只雄鸟组队可以长达10年时间。领袖鸟9~10岁，而陪衬鸟作为它的陪衬，年龄比领袖鸟小1~2岁，它们在一起训练了许多年。

丛林里的陌生者

雌性日本猕猴抵挡不住年轻情人的诱惑

在交配竞争中获胜的一方并非永远是最显而易见的物种。具有优势的雄性可能会很高傲，但这并不意味着它们就能主导交配大权。来看看复杂的猴子群体便知道了。

日本猕猴远比其他非人类灵长类动物住得更往北，那里的冬天通常都在零摄氏度以下。所以它们不仅需要加厚的皮毛，也需要充足的食物。在最冷的时候，它们学会了利用日本人最爱的温泉浴。在海岸边，它们还学会了包括在海中把水果上的泥沙洗掉，用海盐作为调味这样的文化行为。这些习惯一旦建立起来，就会代代相传。让人没想到的是，日本北方寒冷的冬天同样也影响了它们的交配习惯。

不像大多数居住在食物充足的热带，而且全年都能进行生育的猴和猿，日本猕猴需要在春天温和适宜的时候生育，这样就有足够时间让宝宝们快快长大应对冬天。猕猴的孕期为 6 个月，所以它们需要在秋天交配。

等到激情燃起，它们的皮肤会变红，直到它们的脸色和它们漫步的森林里的鸡爪枫叶在秋天的颜色一样。在有 100 多只动物的群体里，任何时候都会有 30 只待孕的雌性和少得可怜的 5 只成年雄性，但在外围有许多潜在的竞争者。阴谋、暴力和激情被挤压进了短短几个月里，从而有了简单而又竞争激烈的季节。

对雌性日本猕猴来说，家庭关系就是一切，所以它们永远不会离开部落。但雄猴会在年轻时离开，来到 30 千米外寻找机会加入新的部落。获得认可会是漫长而痛苦的过程，因为原来的雄猴和雌猴会断然排斥它们，而且还会对它们大吼大叫。

在繁殖季节，年幼的雄猴会在部落边缘来回游荡，有时会表演摇晃树枝，但还是会避开部落雄猴。这些占优势的雄猴已经在部落里待了 10 年或更久，已经根据年龄有明显的等级制度——第二等要让路给第一等之类的制度。雌猴要听从它们，交出最好的食物或是和它们一起晒日光浴，当然还有和它们交配。

在外来者看来，第一等的部落雄猴已经得到了想要的一切，但是它们的生活也不易。每次同时有许多雌猴发情，对第一等雄猴来说也很难独占所有。它必须要时刻保持警惕，免得被年轻的竞争者包围。早晨，它会爬到树上摇晃树枝，竖

▶ 浪漫之色

两只在梳理毛发的雌性日本猕猴，它们的脸色像秋天的树叶一样红，这是萌生了激情的标识。很快它们就开始挑选希望来扮演父亲角色的雄性。

▲ 首领猴保持警惕

左上 首领猴盯着闲逛的雌猴。它占有它的雌猴，表面上雌猴遵从它并和它交配。但一旦没有注意，雌猴就会去寻找年轻的配偶。

▲ 树枝作威

右上 首领猴在树枝上通过吼叫和摇晃树枝表明自己的身份。尤其在它看到一只竞争雄猴的时候，它更会这样示威。但这样的示威并不会阻止它的雌猴溜走。

起头发使得体形更大，并且发出可怕的吼叫。它这么做是希望能够震慑外来者使其不敢靠近，但外来者也会自己摇晃树枝作为回应。

它不仅仅要担心显眼的外来者，因为安静的竞争对手也会有其他的策略。这类安静的竞争者就坐在树上等待着雌猴注意到它，然后它简单动一下嘴唇，做出一种亲吻动作。如果雌猴感兴趣，雌猴会谨慎地跟着它，并朝着它咕咕叫。它会带着雌猴离开其他猴子的视线。之后的几天，如果雌猴发了情，就会紧紧地跟着它。每次它停下来，雌猴就会环抱着它悉心地替它梳理毛发。在一起的时候它们总会忐忑地环顾四周，有时候还会轮流站起来以便看清还有没有其他猴子。

如果它们不被打扰，就会不断地交配、拥抱和梳理毛发。如果雌猴和情人在森林里走丢了，雌猴会咕咕叫直到再次重聚。有时它特别想占有这只年轻雄猴（它的年龄可能是雄猴年龄的 2 倍），它会紧紧勾住雄猴不放，一直骑在雄猴背上，直到雄猴累了。但这对不正当的配偶必须时刻保持警惕，因为一旦部落里的雄猴发现了它们，就肯定会带来惩罚。

以下是一种常见情形：首领猴，即头等猕猴，发现自己的雌猴有了情人，它会怒吼，皮毛竖立，吓得尖叫着的雌猴窜到了树上。尊严得到弥补后，首领猴回到自己的部落并躺下，它的更忠诚的雌猴会聚拢过来替它梳理毛发。一旦首领猴背过身去，雌猴就又去找它的情人了。如果发现情况不对，

首领猴会起身，双腿挺直，毛发竖起，穿过部落来回巡视，看向树林。最后它发现那对配偶并朝它们冲过去。追求者躲避了首领猴的进攻，但其实首领猴的目标是雌猴。它拽着雌猴的长毛在地上拖行，在它尖叫着逃脱之前咬上一口。这下雌猴只能一瘸一拐地回归部落。它的同伙们会过来安抚它并梳理它的毛发。但一旦它觉得自己安全了，就会再一次溜到自己的情人身边。

所以对部落领袖雄猴来说，繁殖季节是吃力的表演、追逐和打斗的季节，因为它们极度想要维持自己掌权的形象。但是尽管它们给出了恐吓和惩罚，最终还是由雌猴选择要和谁交配。

在生育高峰期，成熟雌猴更愿意和年幼雄猴交配，而且相比已经交配多年的首领猴更愿意选择陌生雄猴。DNA 识别显示首领猴比后来居上的低等级雄猴生育的猴宝宝要少。这样可能就减少了近亲交配的现象，雌性猕猴更愿意让自己的孩子有不同的父亲，这种行为在基因处理上就像不愿把所有鸡蛋都放在一个篮子里一样。

雌猴的影响力并不会因交配完成而结束。受雌性欢迎的雄猴更有可能维持自己的高等级地位，就算自己和年轻雄猴相比已然衰弱。而且雌猴会聚集起来对抗攻击它们家人的雄猴。所以在日本猕猴群体里，看起来是雄猴掌管大权，而实际上都是雌猴在幕后操纵。

▲ 首领猴进攻

　　左上　首领猴看到一只竞争雄猴和它的雌猴在一起，就会快速冲向这一对，并且毛发直立。通常它会将自己的不悦发泄在雌猴身上而不是竞争雄猴身上。

▲ 鬼祟配偶

　　右上　这一对偷偷摸摸的配偶紧张地望向山头，以防止首领猴看到它们。雌猴选择在它最适合生育的时候，也就是最容易怀孕的时候，投身于这样鬼祟的浪漫之中。

▼ 抱团

　　下页　雌猴们抱团准备应对寒冷夜晚。是雌猴们始终保持长久关系来维持部落生存。它们不仅选择交配对象，而且也能影响由谁来做部落首领的决定。

危险之舞

当风格和速度划分了繁殖和死亡

在动物的世界，雄性花费大量的时间和精力去吸引雌性，但很少有物种像澳大利亚南部的孔雀蜘蛛那样拼命。对这些小雄蛛来说，失败往往会致命。

孔雀蜘蛛属于极具魅力的跳蛛家族，它们小小的个头里蕴藏着非凡的生活方式和极强的个性。尽管只有5毫米身长，无论雄蛛或雌蛛都是贪婪的捕食者，会捕食比自己大很多的昆虫。它们的大眼睛便于白天捕猎，也能跳得比自身身长高好多倍。

如果雌性孔雀蜘蛛接纳了雄性，它会织出一条浸染了能让雄蛛从下层灌木寻踪而来的费洛蒙（性素气味）的蛛丝。但尽管雄蛛知道雌蛛想要接受它的精子，它依旧还得小心行事，因为一旦雌蛛发现了它，它就得让雌蛛知道它会是个好追求者而不只是食物。雌蛛全身棕色，而雄蛛因突变有了耀眼的红蓝色外观。这颜色很明显吸引了雌蛛，但这还不够。雄蛛还必须得表达出想要交配的信号。

现在雄蛛开始摆动它的腹部以产生振动，不仅让雌蛛能看到，还要让它感受到。它的前肢、须肢也随着兴奋摇晃。它们为雌蛛留存了自己的精子。对方

▶ 表达欲望

　　雄性孔雀蜘蛛交替挥舞自己细长且尖端白色的腿并且高举过头，这是在向未来的配偶发出希望能进行交配的信号。

▶ 尾羽舞蹈秀

　　对页　雌蛛对雄蛛感兴趣，因为雄蛛正在展开它高举的双腿之间的尾羽作为它的表演。为了加强效果，雄蛛疾步冲到雌蛛面前为它展现千变万化的颜色。

靠近些后，它会用它超长的第 3 对腿打出信号。腿上覆盖着黑色毛发，尖端独特的一撮白毛有旗帜的作用。它举高双腿，交替或同时在头顶上方挥舞，然后快速转向一侧以增强效果。雄蛛在雌蛛的半圆范围内移动，往一个方向走一段再退后，逐渐地靠近雌蛛。雌蛛转向了最佳的观赏角度。但做了这么多还不够。现在雄蛛得开始为雌蛛跳舞了。

就像孔雀摆尾那样，它在腹部附近展开五颜六色的尾羽，来回地在雌蛛面前跳舞。为了实现最佳效果，它同步做了所有的动作——挥舞双腿，展开尾羽，摆动腹部，展现出艳丽的色彩，只有在观察雌性的反应以及察看它是否在注意观看时才会停下。随后它垂下尾羽并挑逗似地摆动。这确实很有用，雌蛛会再次调整方向以达到最佳观赏效果。

现在到了最后一步。雄蛛将尾羽收起到腹部，向外伸展开第 3 对腿并且在抖动自己身体的时候将第 1 对腿伸向雌蛛。这确实是个很壮观的表演，它也因此受到雌蛛的奖励，允许它把自己的须肢插进雌蛛的外阴并流出精液。但流完之后，它就得逃走。因为此刻在雌蛛眼中，它就成了食物而不是配偶，雌蛛也会很愉快地享用这一美食。

▶ 致命诱惑

雄蛛靠近雌蛛进行表演。如果表演得很棒，雌蛛会抵制住想要吃它的欲望，并且允许它贴近并释放自己的精液。但一旦交配结束，雄蛛必须尽快逃走以避免成为雌蛛在交配后的晚餐。

第 6 章

成为父母

成为父母是动物一生中最后一个成功的标志。这意味着动物们已经将自己的基因传递给了下一代，让自己的后代能代代延续。但对于不同的生物，成为父母意味着将承担不同的责任——如昆虫和鱼类从产卵结束后就不再承担父母的责任，而雌倭黑猩猩余生都在照顾自己的孩子。

▶ **大家庭**

猫鼬们抱在一起取暖。对幼年动物来说，这是一个大家庭。所有的猫鼬都在帮忙尽父母之责。在大家庭其他成员外出掠食时，阿姨、叔叔以及其他长辈都会带来食物或帮忙照顾幼年动物。

▲ **雄性小倭黑猩猩**

前页 一只年幼的雄猩猩依偎在它一心为孩子的母亲怀里。母亲会继续抚养它，直至孩子长大到四五岁。

父母

简单地说，成为父母可能也就只是选择一个安全地带产卵：就像鲑鱼在河床刨坑，或是乌龟在温暖的沙地上筑巢。父母中勤劳工作的多为雌性。卵子比精子大，所以从一开始母亲的投入就更多。对鸟类和哺乳动物来说更是如此。鸟类会产下相对较大的带壳蛋，而哺乳动物不仅要经历怀孕期，还要经历哺乳期，这意味着母亲需要给它的孩子传递巨大的能量和营养。因为母亲投入得更多，所以它们不可避免地要养大孩子。但也有特例，比如雄性水生蝽和产婆蟾会在卵孵化之前一直将卵带在身边，雄性流苏鹬会孵化一窝蛋并且自己照顾一窝雏鸟，而让雌性继续寻找雄性交配，再生一窝蛋。

有90%的雄鸟能够尽到父亲的职责，和雌鸟一样喂养幼鸟。而对于只有母亲才能喂养幼崽的哺乳动物来说并非如此，只有极少数父亲能全心参与到对孩子的照料之中。例如雄性大洋洲野犬、狼和猫鼬，作为父亲的它们会为家庭提供食物；雄性狨猴和绢毛猴，作为父亲的它们会带着它们的双胞胎幼猴，而幼猴的母亲只在哺乳时才会出现；蒙古沙鼠家族中的父亲会去舔舐和拥抱它们的幼鼠，这些行为都是受它们怀孕的伴侣产生的信息素所影响。

但父母之责不仅仅只有父母才有。100只甚至更多的小绒鸭们聚集在一起，由"阿姨们"，也就是那些未能繁殖或失去蛋的雌鸭照看。在猴和猿的家族里，姐妹、阿姨还有外婆、奶奶也要一起照顾幼崽。大象家庭则有更多的彼此照顾，这是非常重要的，尤其是对第一次生产的母亲。

有时由父母主导也会有不幸的结果。占据主导权的雌猫鼬会敌视地赶走它所有怀有身孕的女儿，确保自己刚刚出生的子女能够得到整个部落的专心照顾。雌猴和雌猿有时会从等级较低的雌性身边抢走幼崽。有些鸟类会将自己的蛋下到其他巢里，让其他雌鸟抚养。例如许多雌鸭，一边带大自己的一窝蛋，一边还会在其他鸭子的窝里产下更多的蛋。因为大多数鸭子都在地面上筑巢，许多蛋会被捕食者夺走，这就和不将全部鸡蛋放在一个篮子里以确保安全的道理是一样的。

最让人震惊的就是冒着自己的生命危险抚养下一代的物种。当捕食者靠近珩科鸟的鸟巢或是幼鸟时，父母就会表现得好像受伤了一样以吸引捕食者的注意力，在捕食者的爪牙之下挥动翅膀，吸引它们离开。雌性猎豹为了保护自己的幼崽会和体形更大的狮子对抗，而驼鹿为了保护自己的幼崽会用蹄子不停踢打狼和熊。

但最终极的自我牺牲的母爱当属蛛形纲动物（像蜘蛛一类）。有些蜘蛛和拟蝎母亲会在孵化后，继续照看自己的孩子数周，而在尽完做母亲的职责之后或是在缺乏食物时，会鼓励孩子吃掉自己。它们表达母爱的最后一个动作是"嗡嗡"叫或是以母亲的姿态举起它们的肢臂，随后幼年蜘蛛们蜂拥而上开始享用大餐。这一举动减少了同类幼蛛相食的可能性，也是母亲尽完职责时的成功策略。

▶ **最终奉献**

在美国阿拉斯加州迪纳利国家公园的苔原池塘里，驼鹿为了保护它的新生幼崽与群狼对抗。母驼鹿用它那强有力的前蹄踹向狼群，能够抵抗15分钟，但最后狼还是会吃了它们。不久后，捕猎者杀死了在家族中作为关键猎手的母狼。

最伟大的牺牲

雷恩岛的故事是一个关于决心和危机的故事

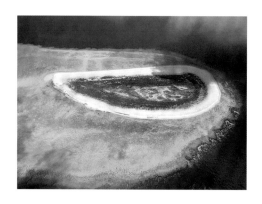

和其他大多数海栖爬行类动物一样，海龟母亲得爬上海岸产卵。尽管它们在幼龟孵化时并不会照看它们，但仍会尽全力给孩子一个生命旅程的完美起点。也就是说要找到绝佳的地点埋藏龟蛋，筑巢在干燥而又多沙的海滩，有充足的太阳照射，并且足够高，能够避开潮汐涨潮。作为身体适应海洋生活的动物来说，陆地是个充满敌意的地方。当母龟用它那此刻派不上用场的鳍足拖着自己150千克的身体往沙滩上爬的时候，重力开始拖拽它。母龟可能还要为了同一件事情和其他上千只母龟竞争。这会导致灾难。

对绿甲海龟来说，最重要的筑窝巢的地方之一就是大堡礁最北边的雷恩岛的珊瑚礁。一夜之间就会有来自澳大利亚北部、印度尼西亚和巴布亚新几内亚等地的一万多只母龟在雷恩岛筑巢。雷恩岛在大约4000年前因为海平面下降而形成，有化石证据证明1000多年前就有绿甲海龟在此筑巢，这也成为人类所知的最早的供绿甲海龟筑巢的地方。

这儿没有树木，无人居住，只有海鸟。这里同样也是19世纪时欧洲人所认为的海龟墓地。但造成海滩上有大量的贝壳、骨头和尸体的原因才更加恐怖。

海龟们在夏季的某个夜晚爬上环岛的一圈白珊瑚沙滩，而它们差不多50年前也就是在这片沙滩中孵化成长的。在太阳升起再次炙烤沙滩之前，它们只剩下不到12小时，但不会受到涨潮浸湿的沙地大概只有30~90米的范围。

在某个忙碌的夜晚，上万只海龟挣扎着爬入这一范围。不可避免地，其中一只挖了1米深的洞并产下了自己的卵，而在其旁边的另一只海龟会向前一只海龟拨沙甚至撞过去。许多的母龟朝着内陆爬。有些还会爬行6小时只为寻找一片安详的地盘产卵，如果没找到就会放弃并返回海里。它们会每个晚上都去寻找，如果被迫放弃，它们就得吸收掉准备生产的100多个卵。因为母龟每5年才会去一次筑巢沙滩，这样则会失去大量的幼龟。但这些海龟

▲ 极具吸引力的岛

　　雷恩岛位于大堡礁最北边，面积0.32平方千米，周围是更广阔的水下珊瑚礁，岛上的珊瑚沙滩对母绿甲海龟极具吸引力。

▶ 大迁徙

　　上千只绿甲海龟游到雷恩岛只为产卵。它们聚集在沙滩周围的珊瑚礁边缘，等到相对较凉爽的夜晚再爬上沙滩。

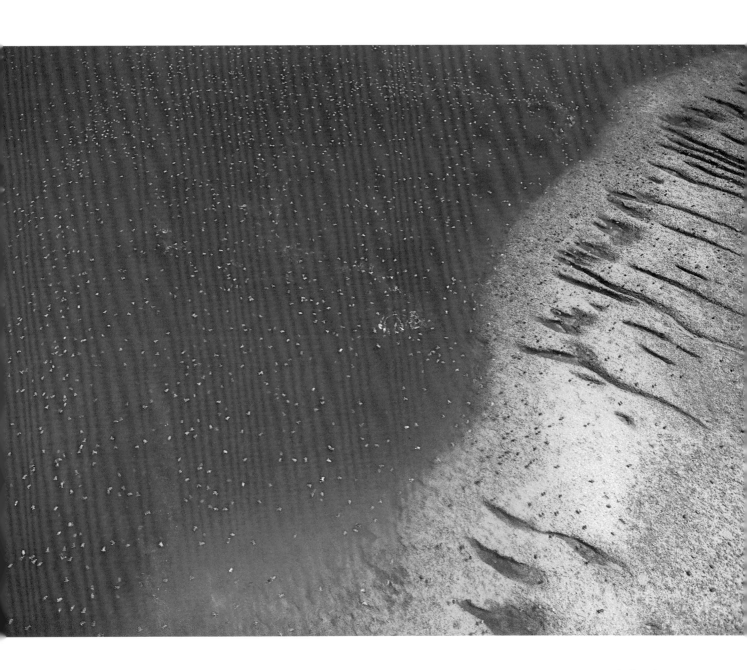

一夜之间就会有来自澳大利亚北部、印度尼西亚和巴布亚新几内亚等地的一万多只母龟在雷恩岛筑巢。

◀ 游向产卵沙滩

绿甲海龟带着受精卵游回它们出生的雷恩岛。它们已经非常适应海里的生活，有着极高的导航能力。但为了能产下卵，母龟们得离开安全的海洋努力爬上沙滩，那儿是一个严酷、环境差异大而又危险的世界。

可能是幸运儿。

海龟们朝着有许多岩石而且不适合筑巢的中央凹陷爬去，它们可能很幸运，发现了稀少的沙坑，在那里产卵。但它们的麻烦才刚刚开始。

海龟们返回海里的方法是通过寻找比地平线低的光亮区域，而前提是它们得处在沙滩的高处。一旦到了凹陷区域，它们便不愿意再往高处爬。它们花费大量时间在小岛中心来回爬行，直到太阳升起，这时它们便开始受到中暑虚脱的折磨。

太阳直射在能够迅速吸收热量的黑色龟壳上数小时，午后不久，海龟可能就会被活活烤死在龟壳里。至于那些努力爬回海里的海龟们，它们有可能在小岛的某一端的石头上翻倒滚下，背部朝下，无助地躺在那里。它们能保持这样的姿势存活几天，因为苍白的腹部龟壳吸收的热量较少。但最终的结果还是一样。那些已经爬回海岸边的海龟们也会被退潮时暴露在外的珊瑚礁困住。但那么多海龟的死亡对其他海龟来说是个好消息。海龟的尸体因为涨潮被冲到海里，吸引了顶级掠食者。在筑巢产卵季节，虎鲨会被吸引到海岸边来享受一年一度的大餐。海龟尸体大多会被吞食，而那些在对抗中筋疲力尽的海龟们则成为具有诱惑力的攻击目标，有些海龟在安全爬回海里前都受了伤或是少了鳍足。

虽然在筑巢产卵时会遇到这么多可怕的事情，但它们仍会继续前来，而且许多都成功产卵。

在筑巢产卵季节，大约会有2000只海龟死在岛上，尽管这一切都是自然生存法则，但这些海龟的数量令科学家们太过震惊，所以他们开始帮助海龟。从20世纪80年代开始，科学家们将自己找到的倒翻的海龟摆正，帮助它们找到返回海洋的路。近来他们还设置了栅栏，以保护海龟远离最危险的区域。现在正在进行的为岛上增添沙子的行动也是为了给海龟提供更多干燥的筑巢环境，以及帮助它们更容易地通过非平坦地形。所以上千只海龟冒着生命危险拼命地涌入沙滩成为母亲的这一壮观景象仍会继续。

▲ 困在烈日之下

一只母龟在回海里的路上被困在岩石里。它在热带阳光几小时的炙烤下就会面临死亡。它黑色的龟壳快速吸收热量，并且它没办法通过喘气或流汗散热。

▶ 因潮汐而解救

一只母龟在潮汐区的珊瑚礁外侧被困住。此时它面临的危险不是太阳的炙烤，而是被涌上来的潮汐淹死。但在这种情况下，冲上来的海水会给海龟提供浮力，从而使它们成功逃脱。

欺骗燕卷尾

父母被骗去抚养被掉包的幼鸟

作为父母的鸟儿只有无条件地奉献才能成功抚养幼鸟。为渐渐长大的幼鸟建造家园并寻找食物是很辛苦的，但有些盲目奉献的鸟类会遇到不幸的情况。叉尾燕卷尾在非洲南部很常见，它们在此地栖息着寻找昆虫。这些好斗的鸟能够抵御外来侵略者，而且经常突袭老鹰、猫头鹰，甚至是蛇和猫鼬。它们还能通过骗术来以巧取胜。

每年春天，燕卷尾在热带草原树丛的树干细条上筑窝。等到雌鸟准备要下蛋，配偶都得提高警惕，因为窝可能会被雌性非洲杜鹃占领。就像其他种类的杜鹃一样，这些雌性非洲杜鹃竭尽全力欺骗其他鸟类让它们帮忙养大幼鸟。对非洲杜鹃来说，这种不幸的鸟类就是叉尾燕尾卷。

杜鹃会查看居住地这一带所有的鸟巢并监视筑巢进度。它只会产下和燕卷尾蛋极其相似的蛋，大小完全一样，而且颜色和花纹也一模一样，并且和燕卷

▶ 小小偷蛋鸟

　　一只小非洲杜鹃正在挪走燕卷尾鸟巢里的一颗蛋。杜鹃的蛋比其他蛋长得更快，这也使得小杜鹃能够抢先逃脱竞争。

▶ 杜鹃

　　对页　一只燕卷尾在喂养被掉包的幼鸟。它还在努力为幼鸟遮挡阳光，随着外来的幼鸟越长越大，为它遮挡阳光也变得越来越困难。

尾同时产蛋。燕卷尾知道杜鹃是个麻烦，所以会赶走它。但等到雌燕卷尾产下蛋以后，每3天中有一天，它得飞离鸟巢给自己找食物，这对它继续孵化鸟蛋非常重要。等到它飞走后，雄鸟就会看守鸟窝，但为了骗倒雄鸟，一对杜鹃配偶甚至会搭档配合——在雄杜鹃分散燕尾卷注意力的同时，雌杜鹃会趁机溜进鸟巢，挪走燕卷尾的蛋并且换成自己产下的蛋，这一过程只需要几秒钟，所以看不出有什么变化。

每个燕卷尾产下的蛋都有不同的颜色（从白色到淡红再到浅黄）和花纹（从没有花纹到有少数斑点再到满是斑点），所以雌杜鹃就得匹配其他蛋的特性，这样它产下的蛋就不会被挪走。这是场赌博。每只杜鹃只能产下一种特性的蛋。如果幸运，产下的蛋和窝里的相配。如果不幸，它的蛋会被发现，而且也肯定会被挪走——用燕卷尾锐利的鸟嘴啄穿并挪到一边（杜鹃鸟的蛋壳比其他的鸟蛋厚，可能是为了防止被发现的"主人"啄穿）。

多疑是燕卷尾的第二天性。有时燕卷尾会及时赶回发现入侵者和鸟巢里散落的杜鹃羽毛，就可以知道发生了多么残暴的攻击。所以杜鹃和燕尾卷的对抗是一场感知和身体的较量。

在接下来的16天，燕卷尾配偶通常会轮流孵化自己的两三只蛋，但现在杜鹃鸟蛋掺和进来，这个家就被毁了。雌杜鹃还给了自己的幼鸟另一个优势：相比其他鸟类，雌杜鹃将蛋在体内多存留了一天，使得它长得更大一点，也就意味着能比燕尾卷的蛋更早孵化出来。暂时看不见而且体重只有几克的杜鹃幼鸟将要完成极具困难的任务。它将身体移到其他蛋下拱起形成杯状，这样就能将蛋推到鸟巢边缘。每推动一点，杜鹃鸟就会休息一会，为下一次推动积攒力量，直到所有的蛋都被推掉。如此一来就能独享父母的照顾并且进食3只幼鸟分量的食物。

幼鸟强烈的求食欲望让燕卷尾不断地给它的嗉囊填食。等到天气变热，它们会展开翅膀让幼鸟躲在身下，直到再也遮不住阳光。3周之后，长大的杜鹃已经无法在这个鸟巢里容身了。但燕卷尾仍在继续喂食，就算幼鸟早已羽翅丰满。在对入侵者继续无用喂食8周之后，它们就失去了再次繁殖的机会，必须再等一整年才能再次当父母。

幼鸟强烈的求食欲望让燕卷尾不断地给它的嗉囊填食。等到天气变热，它们会展开翅膀让幼鸟躲在身下。

▸ 换蛋

左上 一只非洲杜鹃幼鸟准备推走其他鸟蛋，以免其孵化后会和它抢食，而这些蛋是它的新父母产下的。

右上和右下 叉尾燕卷尾的蛋，每一张图右边的是非洲杜鹃蛋。这两张图表明杜鹃的鸟蛋和燕卷尾的鸟蛋要十分匹配，才不会被燕卷尾父母识破挪走。

左下 成功孵出的杜鹃幼鸟，才刚出生几天，现在独自占领燕卷尾鸟巢。

家族守卫

在叶猴家族里，所有成年猴都会出力帮忙抚养幼猴，但父亲对后代的守护是至关重要的

在猴子的高度社会化的世界中，成为父母有许多种形式，而且不仅仅只有母亲有责任抚养幼猴。对长尾叶猴来说似乎每一位成员都想出力。

雌猴当然是主要负责照顾幼猴，但其他雌猴和更年轻的猴子一旦有机会也都会帮忙。虽然雄猴好像大多数时间都无视自己的后代，但它其实扮演着守护它们安全的重要角色。

被研究得最为透彻的长尾叶猴住在印度的焦特布尔。人们以印度猴神的名字给它们命名，是因为它们被认为很神圣。人们给它们喂食，还要忍受它们突袭农场和庄稼。因为有充足的食物和水，猴子的数量很多。一个长尾叶猴群体里只有一只雄猴和许多雌猴（甚至可多达100多只），以及一些年幼无配偶的雄猴。

尽管母爱很强大——曾见到有雌猴将已经死亡的幼猴带在身边数周——雌猴也会让其他雌猴带着自己的幼猴，养育并陪它玩耍。这样雌猴就能无障碍地自己进食。但缺乏经验的雌猴带幼猴也会有问题。

年轻的叶猴都特别喜爱幼猴，会站在雌猴身边摸摸它，或是等待机会抱抱它。起先雌猴很享受这样的瞩目，但年轻叶猴群体里最喜欢玩的游戏之一就是"传递宝宝"，会导致幼猴被倒着抓起、坐在身下、在地上拖曳或从高处摔下。所以雌猴得要一直盯着看会不会有其他猴子欺负幼猴或是发生意外，随时准备好去拯救它那尖叫着的幼猴。

雄猴对幼猴十分宽容，幼猴很高兴看到雄猴从部落领地边缘巡视回来。但只有当年幼无配偶的雄猴挑战雄猴的主权时，雄猴的家庭角色才会体现出真正价值。

▶ 部落首领

部落雄性首领，尽管在养育子女方面所做不多——都是雌猴养育和照顾幼猴——但它需要扮演好英雄的角色。

年幼无配偶的雄猴已经被它出生的部落赶走了，现在它们得找机会进入新部落。它们会袭击部落首领，希望能扳倒它，然后和雌猴们交配。但正在养育幼猴的雌猴也不会接受它（因其未进入发情期），直到将幼猴养大到一岁。所以在扳倒原先的雄猴之后，每一位胜利的年幼无配偶雄猴要做的第一件事，就是试图杀死所有一岁以下的幼猴。

部落中的雄猴会得到更多的支持，部落中大部分幼崽都是它的后代。所以当外来的年轻雄猴靠得太近时，它会在自己的领地上叫喊和跳跃以显示自己的力量和健壮。如果这么做没有成效，一场血腥之战将会发生，会导致严重受伤甚至死亡。

所以等原先的雄猴成功赶走它的竞争对手，舔着伤口回来，它的后代们会聚在一起热烈欢迎。

它们确实要感恩，因为雄猴救了它们的命，而雄猴的行为也意味着幼猴们离在长大后的世界里生存又近了一步。

▶ 雌猴和幼猴聚在一起

一部分长尾叶猴部落的雌猴们带着它们的幼猴们。雌猴们十分溺爱幼猴，它们抚养后代长大直到至少幼猴一岁长出了成年毛色。但它们非常害怕年轻雄猴的侵扰。

部落中的雄猴会得到更多的支持，部落中大部分幼崽都是它的后代。所以当外来的年轻雄猴靠得太近时，它会在自己的领地上叫喊和跳跃以显示自己的力量和健壮。

▶ 驱赶坏小子

雄猴部落首领袭击了具有威胁的无配偶雄猴的小群体，以显示它作为父亲的威严。一旦有机会，年轻无配偶雄猴就会杀死它的后代，所以它是在为自己孩子的生存而战斗。

坏宝宝

牛背鹭巢变成嫉妒、重伤和杀害之地

牛背鹭是苍鹭家族里数量最多的，也是鸟类最成功的案例之一。从 19 世纪末开始，它们从非洲在斑马和野牛身上寻找食物的最初大本营扩散，直到现在遍布全球。20 世纪中期，它们越过大西洋来到了北美洲，现在在美国佛罗里达州和路易斯安那州的沼泽地随处可见，在这里它们和其他苍鹭共同觅食。成为父母后，它们会一起勤劳干活，平等分摊责任，它们也能不断地满足幼鸟的任何需求。

牛背鹭和其他苍鹭、白鹭和篦鹭在能够躲避陆地掠食动物的湖和沼泽中的小岛上一起筑巢。为了占据最佳筑巢点和筑巢材料，它们之间会发生激烈的竞争。因为鸟巢通常都筑在水面上方的矮树枝上，水里有短吻鳄在游荡，所以安全的筑巢地点需要能够承载两只成年鸟和逐渐长大的幼鸟的体重。雄鸟来选取筑巢地点，通常选在树枝的枝杈上。雄鸟会在那儿展露它橘黄色的羽毛来吸引异性，同样也是为了赶走想抢占此地的雄鸟。一旦雄鸟选定了配偶，雌鸟就会开始筑巢，而雄鸟则会从地上或者从隔壁的鸟窝那里衔来树枝。如果它发现了一个鸟窝而且被发现在偷衔树枝，双方就会发生冲突，它们用喙互相啄对方。

在筑巢的第一天，雄鸟每次衔来的一根树枝都会被随意摆放在树杈上，许多树枝就这样平铺在表面上。但到了第二天，一些树枝会被逐渐挤在一起，最终鸟巢开始有点成形。雌鸟则会将一些新树枝插入在树枝堆中用以加固，最终两只鸟共同修补完成剩下的一些小问题。6 天之后，鸟巢筑造完毕，雌鸟可以产卵，但在幼鸟被孵化出之后，衔来树枝加固鸟巢的工作仍在继续。

雌性每几天会下一颗蛋，直到它生了一窝 3~4 颗蛋。接下来 3 周的孵化由雄鸟和雌鸟共同完成。每个蛋的孵化时间是不同的，第一只孵出的和最后一只孵出的体形相差会很大。也就是说第一只被孵出的幼鸟会越长越强壮，越长越大，与之后孵出的幼鸟相比能吃到更多的食物。孵出一天后，第一只幼鸟开始啄着父母的喙——这是给父母信号，告知它们要反刍已经被部分消化的昆虫，再过了几天，较晚被孵化出来的幼鸟也加入到争食的队伍中来。等到最大的幼鸟长到五六天大时，便强壮到可以抢过父母的食物并且独自将其吞食。而较晚孵化

◀ **最大的能吃到的最多**

白鹭父母的喙里含着要反刍给幼鸟们的食物，正在想办法喂养它们。只有第一只从蛋壳里孵化出来也是最大的一只才有可能吃到最多的食物。等到牛背鹭幼鸟长大并且更激烈地争食，父母喂养幼鸟就更艰难了。

出来的幼鸟只能在最大的吃完之后才能得到喂食，这就导致了各个幼鸟的体形有所不同。

父母在前两周会一直抚养幼鸟，直到幼鸟们羽翅丰满能够维持体温。此时父母回归鸟巢将越来越艰难，因为幼鸟们都在尝试想要抢夺父母的食物，它们摆动头部，挥动翅膀，激动颤抖。在喂食的时候，父母会远离因抢夺食物而发生冲突的幼鸟，什么也不做就看着它们这样任性的举动。等到食物不够的时候，父母甚至还会站在一边看着最小的幼鸟被欺负直到所有幼鸟都吃饱或是挨饿。虽然这看上去很无情，但喂养少数较强壮的幼鸟比整个家庭都挨饿要好得多。

4周后幼鸟们就能离开鸟窝在树枝上栖息。这时是它们抢夺食物最为猛烈的时候，它们会追着站在树枝上的父母，用自己的翅膀去扇父母，用像匕首一样的喙啄父母的脸。

现在成年鸟大部分时候会远离难以控制的幼鸟，很少靠近它们，给予它们的关心越来越少。大约6周之后，幼鸟们终于准备开始自己觅食了。10周之后它们就能够独立，而父母们则在来年之前还能享受宁静的生活。

▲ 抢食时间

　　一群快要长大的幼鸟喊叫着索要食物。它们像匕首一样锋利的喙让筋疲力尽的父母在喂食时惴惴不安。也难怪现在父母会尽量避免和幼鸟们待在一起。

◀ 交配时节

　　求偶交配是从筑巢开始的。那时，父母的生活就是边筑巢边交配。雄鸟会给自己的配偶树枝作为爱情信物，它们会一起展示自己美丽的羽毛、喙和透着橘红色的虹膜。

幼年雄倭黑猩猩的心永远属于目前

为什么母亲的贡献可以帮助其奠定社会地位

当提到非人类社会里最好的父母，我们总会想到人类最近的亲戚，也就是大猩猩和倭黑猩猩。倭黑猩猩是最后被发现的类人猿，在 1927 年才作为独立物种从黑猩猩中分离出来。由于它们的身材比一般猩猩更加苗条，所以一开始被称为侏儒黑猩猩，它们也是濒危物种中最神秘的成员。

倭黑猩猩不但以其和谐的社会生活和热衷于活跃的性生活而闻名于世，而且其作为父母也很出名。如今，母子之间的关系被认为是倭黑猩猩社会中最为重要的部分。倭黑猩猩母亲比黑猩猩母亲更加关注也投入更多精力到它们的幼崽身上，并且它们之间的母子关系会使双方终身受益。

倭黑猩猩很少为人所知，因为它们只生存在一个国家——刚果，而且它们仅栖息在刚果河南岸。解释它们为何与黑猩猩存在演化差异的一个理论认为，90 万年前南岸不存在大猩猩。在北岸，大猩猩专食药草和植物，黑猩猩为避免直接与其竞争，不规律食用可食水果，偶尔食用肉类。而倭黑猩猩独自生活在南岸，能够采摘稳定充足的大猩猩的日常食物，以及罕见却富有营养的黑猩猩的日常食物。富足稳定的食物，以及没有与其他大猿类群竞争的生存条件，使倭黑猩猩族群比黑猩猩族群更大更稳定，最终形成了一种完全不一样的社会形态。

一个倭黑猩猩族群有 10~30 只黑猩猩，包括许多雄性倭黑猩猩、雌性倭黑猩猩以及它们的孩子。雌性倭黑猩猩在 7 岁左右的青少年时期离开其出生的族群。为了被新族群接受，它们需要努力通过与族群内雌倭黑猩猩互相梳发以及性行为来交朋友，从而逐渐提高其母性地位。与其他类人猿不同，倭黑猩猩位于母系社会，且两性摩擦较少。食物以及群族联合之间的摩擦通常通过性行为解决，无论年龄和性别如何。当雌性倭黑猩猩成为性伴侣，雄性倭黑猩猩便很少会恐吓或者袭击它，从而减少了整个族群内的纷争，也适用于与其他雌性倭黑猩猩的相处。对雄性倭黑猩猩来说，更好的策略是与所有的雌性倭黑猩猩维持长期友好的关系，所以当交配概率上升时，它们可以立即亲热。从长远来看，这大概也是母子关系十分重要的原因。

▶ 宝贝儿子

一只幼年雄性倭黑猩猩，依旧和其母亲非常亲近。它会和母亲维持此种关系度过余生。母亲会在其需要时安慰它并支撑它在倭黑猩猩社会的政治地位。这被认为是自然界可能存在的最长久的母子关系。

▲ 与母亲一同迁徙

一只骑在其母亲背上前去下一栖息地的年幼的雄性倭黑猩猩。倭黑猩猩一天可行走 10~15 千米，随着其幼子年龄以及体重的增长，背着它行走渐渐成为一件苦差事。

婴儿倭黑猩猩特别无力，出生后的前 3 个月需依附在其母亲的肚子上生活，在 6 个月大之前移动不会超过 1 米。1 岁前，它们完全靠母亲的乳汁生活，直到四五岁时才断奶。甚至 3 岁的时候，它们才开始骑在母亲的背上，这种行为在长途迁徙中尤其重要。

倭黑猩猩一天可行走 10~15 千米，所以对每个鞠躬尽瘁的母亲来说，背着正在成长的幼儿行走的责任尤其重大。它会规律地前往森林远处的沼泽，寻找对孩子饮食必要且富含矿物质的水生植物。腿长的倭黑猩猩比黑猩猩能更好地直立行走，并且这种技能在蹚水寻找百合茎时尤其有用。

这时倭黑猩猩宝宝们不愿意弄湿自己，它们在河岸上便爬上母亲的肩膀观望全世界，就像被妈妈背着的人类婴儿，这也让我们得以一瞥自己祖先的过去。

3 岁后，年轻的倭黑猩猩便开始在树上筑巢，但它还会回母亲的床上睡上好几年。母亲所付出的一切都是值得的，因为超过 80% 的年轻倭黑猩猩可以存活到 6 岁。

在一个大族群里，母亲是世界的中心，而且为了它的儿子它会在余生都保持这个位置。如果它生了一只雄性倭黑猩猩，它的排名便会提升，而它儿子的排名和其成正比关系。母亲和成年儿子的关系比其他倭黑猩猩的要紧密，母亲的存在甚至影响儿子的社交圈。母亲可以使儿子更容易地被母亲周围的雌性接受，而且在它和其他雄性争夺性伴侣时，母亲也可以给予它心理和生理上的支持。所以在成功交配的竞争中，倭黑猩猩最好的朋友便是它的母亲。

▲ 和母亲一起学习

母亲与它的小儿子以及另一只小倭黑猩猩一同享用番荔枝，身边还有一只雄性倭黑猩猩等待施舍。它的儿子从它身上不仅学到怎么吃番荔枝，还了解到了倭黑猩猩的社会政治制度以及它的地位。

▼ 和母亲一起玩

下页 一只年轻的倭黑猩猩开心地躺在母亲的臂弯里，母亲是它第一个也是最主要的玩伴，到 5 岁前它都会睡在母亲在树上的网床上。

母亲的大帮手们

在一个族群中，年幼的大象是所有大象的孩子

▲ 婴儿护理

一只十分年轻的小象在它母亲和阿姨鼻子的帮助下站起来。随着它的长大，在它遇到困难、感到沮丧或者单纯需要安慰时，它身边总会有让它感到安慰的鼻子。

▶ 母系氏族

图为部分母系氏族的成员——母亲、姐姐、女儿甚至孙女。它们共同工作，相互帮助，相互支持。

有句非洲谚语说，养育一个孩子需要全村的努力，这句话也同样适用于非洲最大的哺乳动物——大象。大象族群越大，就有越多的雌性大象可以扮演阿姨、护士、守卫以及帮手的角色，新生儿就有更大的可能存活下来。对于第一次当母亲的大象来说，这种帮助至关重要。

大象一般在13或14岁时首次产子，在接下来的50年左右的时间里，平均4~5年便产一子。一个经验丰富的母亲会在幼子0~1岁时对其给予持续的关注，并会一直维持亲密的亲子关系，直到幼子长至十几岁。产下雌性幼崽时，这种关系便会持续终身。母亲会不断呼喊和抚摸其新生幼崽，用象鼻将其撑起，并弯曲前腿俯下身子，使幼崽更容易吸到奶水。当遇到危险或为了避免阳光照射，它会将幼象推到自己身下，而且还会选择最安全的地方渡河，将幼象推或拉起，然后放到河岸。走路的时候，它也会通过敏感的尾巴时刻感知它的孩子，在该停下的时候拦下它们，给它们喂食。富有经验的母亲非常善于推断它们的孩子是否真正需要吃奶，无论是为获得安慰还是获得营养。

但是首次当母亲的大象可能会被小生命吓到，并且会发现要准确回应孩子的需要十分困难。这时自己母亲和其他年长雌象所带来的安心感便十分重要了。祖母会帮助新生儿渡河，甚至会推开没有经验的年轻妈妈，解救因困在泥中或不能爬上岸而苦苦挣扎的小象。祖母也经常给孙儿喂奶。

新妈妈在迁徙的时候很少会等着自己的孩子，所以幼儿经常会走丢，更容易感到焦虑，在惊慌中它们会大声呼叫和拍打耳朵，但在大群族里其他雌象会迅速回应。虽然如此，新妈妈的幼儿的死亡率大约是有经验的大象妈妈的两倍。所以尽管所有的幼象都从群族里的阿姨和陪护身上得到很大的帮助，但还是最需要妈妈的照顾。也许因为抚养一只幼象需要技巧和奉献，少年雌象会自然而然被幼儿吸引，用鼻子爱抚它们，看管它们。它们能够快速回复求救呼叫，所以年轻的小

象不会离开可靠的鼻子太远。当小象求少年大象一起玩时，少年大象会跪下或者躺下——游戏可以使它们关系更和谐，它们会以长者的身份来教育年幼的小象。

在另一个年龄段结束时，女族长的领导力量对小象的生存也起着至关重要的作用。聪慧富有经验的母象对何时何地迁移会使整个族群更加壮大做出明智的选择，通过保证大家都能获得充足的食物和水，避免危险来增加小象的存活率。

所以，对于大象来说，育儿是族群的终极大事。

▲ 祖母照顾

年长的母亲看着自己的两只小象和它收养的另外两只小象玩耍。它收养的两只小象在它们的母亲也就是它的女儿死后成为了孤儿。

◀ 和新生儿见面

一只站不稳的新生小象正在接受它母亲、母系氏族成员的热烈欢迎。

第 7 章

**纪录片《生命的故事》
背后的故事**

在拍摄《生命的故事》
这部最伟大的冒险故事片的过程中，
摄制组经历了各种惊喜与挑战，
以智慧迎接怪诞，历经磨难，
他们带着惊人的发现
和扣人心弦的故事，
满载而归。

▶ **活动日**

风暴过后的瑞典——在结束第一只北极狐的拍摄之后，故事还远没有结束。我们挖出了摄影器材、准备好的食物和发电机，向下一个拍摄地点转移。

▲ **调查摄影师**

前页 一只猫鼬将摄影师托比·斯特朗当作瞭望台，站在他的身上眺望远方的蓝天和地平线，侦察捕食者。

拍摄最伟大的冒险

生存没有看上去那么容易

1月初，卡拉哈里沙漠的太阳升起还不到1小时。一只3周大的小猫鼬有生以来第一次爬出洞穴。大卫·阿滕伯勒在距它几米远的地方观察等待着。他开始讲述这个小家伙即将面临的充满戏剧性与危险的新生活，然后在心里默默祝它好运……就在导演和制片人鲁伯特·巴林顿喊"停"之前，有那么一瞬间，时间好像停止了一样。

随着最后几帧画面拍摄完成，这项拍摄历时两年半、制片长达4年的工作终于告一段落。在这两年半中，摄制组走遍了地球的东南西北，观察了78个物种，野外考察共计1 917天，拍摄了长达1 800小时的片段，经历了无数次的冒险。接下来，我们将会讲述其中一部分故事。

最开始的猫鼬系列就用一种不一样的方式展现了出来。正如大卫所说："又一个故事将我们每个人与地球上的每一个生物紧紧联系在一起，为我们讲述了

一场最伟大的冒险——这是一场生命之旅。"这正是纪录片《生命的故事》所遵循的线索，从出生到繁衍，实现这个大自然的终极目标。通过这种方式，我们走进这些动物的生活，了解它们生存中面临的挑战，观察它们做出的选择以及这些选择给它们带来的影响。

《生命的故事》有幸成为第一部用超高清摄影机拍摄的自然历史题材的系列电视节目。影片画面质量十分稳定，上一次技术进步是由于十几年前高清摄影机的诞生。这系列节目还在筹划阶段时，第一台最新型4K摄影机诞生了（其分辨率是高清摄影机的4倍）。虽然这些摄影机从来没有在我们这样的环境下进行过测试，也没有经历过这样恶劣的条件，但它还是给我们带来了很多惊喜。4K摄影机展现出了令人震撼的拍摄深度和细节，以及生动的颜色和质感。借此，我们就能够把这些动物们的特点展现出来：它们对待成败的反应，实现目标时的情感变化，以及它们的恐惧和喜悦，都在它们的脸上一一呈现。近距离拍摄动物是该系列纪录片的核心。

◀ 拍摄前夕

保尔·斯图尔特前往雨林拍摄侏儒鸟之前，在哥斯达黎加拍摄日出。

▶ 接近牛鲨

摄影师狄迪尔·努瓦罗正在拍摄一只被卡住的牛鲨，等着看狗鱼是否来吃它。显然，这只鲨鱼对吃人没什么兴趣。

马克·佩恩吉尔在美国路易斯安那州的沼泽里拍摄筑巢的牛背鹭。近距离拍摄的唯一方法就是一动不动地站在水里，才不会惊扰到其他鸟儿，或是引来短吻鳄。

用超高清摄影器材拍摄，连它们脸上的抓痕都看得一清二楚。这种展现动物个性的方式是一场前所未有的重大突破。

其次，摄影机上的大型传感器可以使焦距变短。也就是说，图片线条会更加柔和。这样一来，摄影师用短焦镜头分别拍摄每一只动物，将其他动物或者背景置于焦距之外，以便观众能够更好地观察到目标动物。这样做，同样可以在近距离拍摄时增加图像的饱和度，将动物的眼神更加深刻地展现出来。

在野外使用这些设备是一个相当冒险的决定。把摄影机从三脚架上取下来，放进真实的动物世界里，让摄影机随着陀螺稳定装置移动。这使得摄影师的活动更加自由，也使得画面拍摄得更加流畅。

当然，除非你能找到足够新奇的故事和足够奇特的动物，不然，这些技术进步对于拍摄来说没有任何意义。具有挑战性的故事往往最吸引人。在拍摄这些故事时，你很可能空手而归，但也许会有意外收获。

在现实生活中，这些故事距离我们还很遥远。除了大限将至，人类几乎不会面临死亡的威胁。可是对于许多野生动物来说，生存的威胁时刻存在着。大多数动物的生活总是过得十分艰难。它们必须依靠顽强的意志和创造性的发明，再加上绝好的运气，才能勉强获得生存。

对动物的了解来源于长期细致的观察。完成此次拍摄的主题还要感谢那些年复一年在偏远地区辛勤工作，将自己的一生都奉献给了研究对象的研究人员和

▽ 小个子的大明星

　　镜头里的孔雀蜘蛛比火柴头大不了多少。它正忙着摆姿势，偶尔停一停，完全没有注意到摄影机的存在。但是，它移动得却非常迅速。

科学家们。

　　事实证明，即使在那些环境异常恶劣的地区，只要摄制组成员付出足够的努力，想要走进神奇的动物世界也并没有那么困难。

　　这种拍摄方式首次用于拍摄孔雀蜘蛛的求偶之舞。

　　这一最新发现的求偶行为十分有趣。这种蜘蛛的体形非常小，其以神秘莫测闻名。它可以长时间地保持不动，不需警报，行动快如闪电。显然，这将给拍摄带来巨大的技术挑战。可是，首先要解决的问题是，怎样去讲它的故事，才能让观众走进它的世界，去观察那一

◀ 枝头的织叶蚁

　　在澳大利亚的昆士兰州，摄制组乘坐升降机拍摄在树梢上搭建叶形巢的织叶蚁。

支绝命之舞。

　　不管舞蹈怎样精彩，它毕竟不是这一故事的主题。在故事中，讲述过程和结局同样重要。我们决定从雄性蜘蛛发育成熟、准备寻找伴侣时开始拍摄。同时，利用线索和惊喜给观众带来一种神秘的感觉。

　　蜘蛛在低矮的灌木丛中寻找伴侣，就像在一片森林里寻找一只小动物一样艰难。它们随时面临着来自捕食者的威胁，四周还遍布着其他同类的尸体。这些雄性蜘蛛就像忒修斯闯进弥诺陶洛斯的迷宫一样，循着异性所到之处留下的细丝，一路尾随。这样，雄性蜘蛛就得以与雌性蜘蛛相见。然而，雌性蜘蛛并不买账，它试图杀死雄性。雄性蜘蛛就只好一遍又一遍地疯狂起舞，以此躲避雌性的攻击。要是雄性蜘蛛没能抵挡住雌性的攻击，它就只能白白死在雌性手下。可一旦雄性蜘蛛有幸捕获了雌性的芳心，那么，它这一生的目标也就实现了。

　　在拍摄动物的过程中，有一条最基本的原则：拍摄器材的数量与被拍摄动物的大小成反比。跳蛛的体形非常小。因此，拍摄跳蛛时，需要用到许多设备，包括新式的小型摄影机、大型摄影机跟踪系统以及各种新型的照明设备，当然还有超高清摄影机。但是，在小规模的拍摄中，这些摄影机就变成了一种负担。使用大型摄影机的摄影师所遇到的最大困难就是要聚焦微小的物体。所以，近焦摄影机相比普通摄影机而言，更像是一个残酷的玩笑。然而，图片的超高清画质可以弥补它在这方面的不足。

　　对于在野外拍摄的摄制组来说，耐心是必需的，可是却常常被人们误解。毫无疑问，任何一个成功的摄制组都要经过漫长的等待。他们很可能为了拍摄一个几秒钟的动作，一动不动地等上几小时、几天，甚至几个星期。这通常需要禅僧一样的精神境界。可"耐心"这个词用在这里却未必合适。

　　一个成功的摄制组在每次拍摄中都会力求完美。失败令他们沮丧，但成功就像内啡肽一样，会让他们上瘾。如果需要，他们可以在零摄氏度以下的气温中一坐就是好几小时。然而，这并不是出于耐心，而是出于意志。在了解到罗夫·斯坦曼所经历的那些考验（见第276页），看到那些他拍摄的在残酷的刚果热带雨林中生活的倭黑猩猩的画面的时候，他和他的团队所记录下来的那些令人悲喜交加的现实就这样进入了我们的视野。这些都是意志的体现。

在印度的焦特布尔，巴里·布里顿在晨
曦中醒来，拍摄叶猴在晨间的社交行为。

追求完美的河鲀

人类、器材、气象和一条小鱼

有一种鱼可以建造出一种极具美感的对称结构，这实在是一个不容错过的故事。可是，在 25 米深的水下拍摄这样一条十分罕见却善于伪装的小鱼给摄制组带来了巨大的技术挑战。事实上，摄制组需要把一个大型的水下摄影机运到日本。

这个任务将由水下摄影专家休·米勒来完成。在拍摄前的几个月里，他开始着手建造一台水下升降机，使摄影机可以在轮盘状的圆圈周围移动，避免在泥沙和海水的包围中被卡住。在游泳池里进行的测试十分成功。照明一直是一个大问题，因为圆圈通常在水下具有一定深度的地方，那里的光线十分有限。可是休对自己具有突破性意义的发明——海斯·罗宾逊光照设备很有信心。制片人迈尔斯·巴顿却没有这么乐观。

为了让休和他的潜水助理凯特·布朗每次在水下能多拍几小时，他们采用了循环式呼吸机，延长他们在水下拍摄的时间，同时还不会产生气泡惊扰河鲀。

终于，在 2013 年 6 月末，摄制组全体人员带着 700 千克的器材抵达了日本的一个热带岛屿——奄美岛。水下拍摄的一切设备都已经准备就绪。摄制组见到了日本拍摄海洋鱼类的先驱摄影师、首先发现海底"麦田怪圈"的当地专家——冈田洋次，并针对他的发现一同展开讨论。然而，情况并不乐观。整个海湾，只在不到 25 米深的地方有一条雄性河鲀，它正在守护鱼卵，未来一周都不会再次画圈了。

尽管已经年过七旬，洋次依然十分健壮，休和凯特勉强才能跟上他。在他的带领下，他们一起见到了本期故事的主角。"最令人惊讶的是，"休说道，"河鲀那么小——只有我在照片里见到的一半大。"河鲀身长只有 12 厘米。制片人迈尔斯·巴顿非常担心。"我们的希望全寄托在这么一个小家伙身上了。"在等待河鲀再次画圈的过程中，摄制组对仪器进行了测试。

首先是沉甸甸的四脚架被放到了一边。接着是升降机，像气球一样，被气袋吊着，放在架子上。当升降机下降到 13 米的海床上时，休和凯特再把它们组装起来。他们慢慢悠悠地在海床上走来走去，就像宇航员在月球表面行走一样。"我们必须要一次次地组装再拆卸，再组装再拆卸。由于在水下，所有动作需要的时间都变长了。仅仅把升降机装好就用了两个多小时。"休说。

接下来是灯光设备——有一个三角形支架和在防水外壳内靠蓄电池供电的灯。把它们放置到目标位置之后，绑在锚上，让灯像天空中的风筝一样漂在上面，下面透着光。休对他这个"水下光线"的小发明十分满意，之后，休把这个设备放到了旧的圈圈旁边。那条雄性河鲀还在那里不停地对着卵扇风。

▶ 水下摄影棚
休·米勒正在搭设他的水下微型影棚。他在海床上用 4 条腿的摄影架支起了沉甸甸的摄影机和摄影机坚硬的外壳。

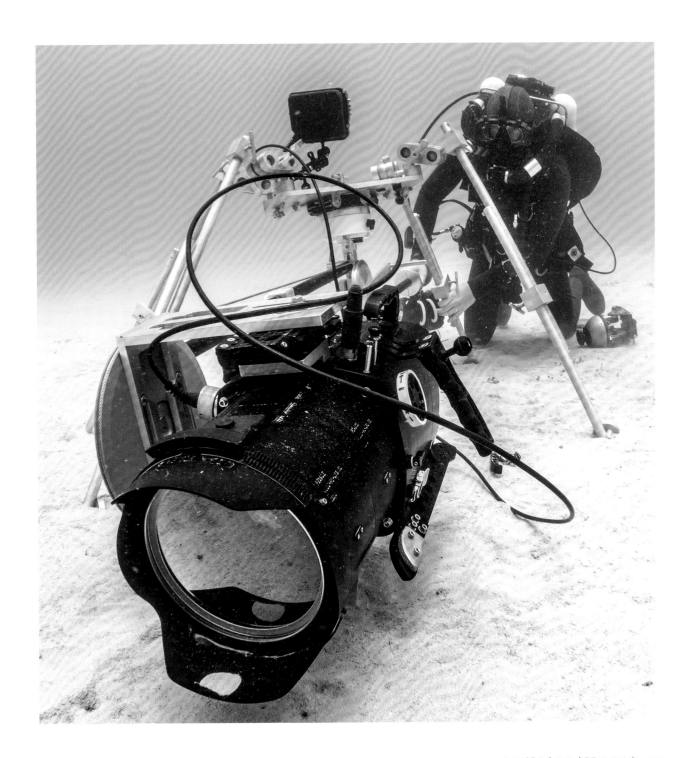

▶ 全神贯注

休在海床上一动不动地站了几小时，进行拍摄。河鲀默许了人类和这些精妙仪器的靠近，这让休得以近距离拍摄到了河鲀在海底"画圈"的全过程。

▶ 搭建 A 形架

对页左 休正在将摄影机安放到 A 形架上，从上方拍摄那些圆圈。他们最终放弃拍摄时，只剩下 A 形架还没来得及拆。这为他们之后的拍摄节省了时间。

▶ 完美视角

对页右 通过休的 A 形架，圆圈的精巧结构得以充分展现。

圆圈比河鲀大很多。雄性河鲀一直在快速地转圈，想要跟上它的速度实在是太难了。

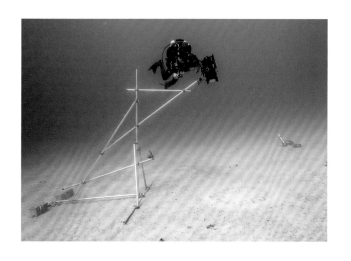

河鲀并没有被摄影机、升降机和灯光惊扰到。一切看起来都很顺利。由于河鲀还在忙着照顾鱼卵，他们还有时间搭建一个4米多高的铝质A形架来固定摄影机，以便从上方拍摄河鲀画圈的工作场景。一切都已经准备就绪。

此时，迈尔斯正头脑清醒地躺在床上，他有点担心，"一切都要看这只雄鱼的表现了，要是正好有一只饥肠辘辘的鲨鱼咬住它怎么办？万一它突然失去求偶的兴致怎么办？"

他的担心并不是多余的。第二天，摄影机的控制箱裂了一条缝，精密电子仪器渗入了海水。洋次带回消息说，河鲀已经开始在雌性河鲀的老巢附近画圈圈。这是一场时间的竞赛。经过一下午的紧张工作，再利用晚上的时间将仪器晾干，重新接好电路板，休终于把控制箱修好了。这为第二天一早的拍摄提供了保障。

休跪在四脚架后，想要将河鲀收入取景框中。可圆圈对于河鲀来说实在太大了。雄性河鲀一直在快速地转圈，想要跟上它的速度实在是太难了。洋次希望这只河鲀可以在画圈时多用一周的时间。这样，休就可以清清楚楚地记录下它画圈的行为了。可这小家伙就像装上了涡轮发动机似的。第一天，产卵地还是一盘散沙。第二天，山脊、沟渠、山峰都成形了。第三天，洋次下午潜水回来后，就通知工作人员第二天一早做好准备。这位高速建筑师在圆圈中央画了几道波浪线。这意味着，明天一早，河鲀就要产卵了。

摄制组第二天早上6点就回到了水下。"水下还很黑，可是我能看到，进入圆圈之后，雌河鲀的肚子因为要产卵变大了。"休说。

"雌性河鲀必须在雄性赶走它之前，从具有攻击性的雄性眼皮子底下进入圆圈中心。一旦进入圆圈中心，

产卵过后，这个小小的建筑师守在老巢附近。拍摄这么一个小家伙，并把它放进取景框里，对于休来说，是一个巨大的挑战。

局势就会发生逆转——河鲀知道，产卵的时间到了。雄性用牙齿去咬雌性，两只河鲀脸贴着脸游泳。之后，河鲀开始产卵，产卵后两只河鲀再分开。整个过程一直不断重复，直到雌性的脸上青肿起来。"

迈尔斯很高兴，洋次总能找到有河鲀出没的大片沙砾海滩，而且他还能预测出河鲀产卵的时间。"还有 12 天的拍摄时间，我们必须把没有拍到的地方补齐，拍摄出完整的一集。"时间仓促，他们没拍到从上面俯拍成形圆圈的画面——只有这样俯拍，才能充分展示出河鲀鬼斧神工的建筑技艺。在河鲀产卵过后不久，"怪圈"很快就消失不见。雄性河鲀完成了从建筑师到父亲的角色转换，它们还要吹散鱼卵。"我们以为它把鱼卵吹完之后，才会再次开始画圈。"迈尔斯说。

可是他们没想到，会有台风一路从南海向奄美岛吹来。

又过了 4 天，太阳升起，水面上风平浪静。河鲀还在吹卵，洋次希望它能够再次开始画圈。台风来了，摄制组不得不拆掉设备，找地方躲避台风。他们只能看着冲浪者乘着白色的巨浪回到了岸边，等台风过去。

几天后，台风过去，太阳出来了，洋次再次回到了水下。洋次又找到了那只雄性河鲀。可是，它一直没有新的动态。那只河鲀并没有画圈。"我们知道河豚的警惕性非常高。"迈尔斯说，"它们不喜欢巨浪拍打在海床上。"产卵之后又过了 2 周，河鲀还是没有任何画圈的迹象。现在，摄制组只好放弃了。

然而，就在休最后一次潜到水下拆卸四脚架的时候，他注意到，那只河鲀开始工作了。幸运的是，A 形金属架还在原位，于是休迅速地拿起摄影机拍下了这个尚未捕捉到的画面。"你要是提前告诉我，我们就是要拍这么一条小鱼的话，我是一定不会冒这个险的。"迈尔斯说。

休对河鲀充满了敬畏之情。"看着它日复一日地运走了那么多沙砾，忙忙碌碌地辛勤工作着，你会不由得产生一种敬佩之情。河鲀的作品设计精致，并且极具对称美感，实在堪称是一件绝妙的艺术佳品。"

▶ 俯拍
休在 A 形架上努力保持平衡。他在水中调整摄影机的设置，在对准下方的圆圈的同时，还必须保持自身的漂浮平衡。在返回水面之前，他只剩下几分钟的拍摄时间了。

黑猩猩安分守己，而人类却……

非法牟利者、偷猎者、爆炸和淘金热带来了阴谋猎杀

在塞内加尔南部贫瘠的稀树草原上，居住着一群大名鼎鼎的黑猩猩。它们因为在这片蛮荒之地上发明出的生存行为而出名，而这些行为以前从未被拍摄过。因此，摄制组决定前去一探究竟。

在过去的 10 年间，人类学家吉尔·普鲁兹一直在方果力河畔的偏远营地里研究黑猩猩。摄制组人员知道，这些猩猩已经习惯了人类的存在。可是，事实表明，这是他们唯一值得庆幸的事。在旱季的时候，气温最高能达到 45 摄氏度，黑猩猩每天都要走很远的距离去觅食，更重要的是去干涸的河床上挖一口小井饮水。在酷暑难耐的日子里，它们要在山洞里午睡。对黑猩猩来说，这是一个难熬的季节。可是，事实证明，这个季节里，摄制组过得比它们更加艰难。

摄影师约翰·布朗陪同导演艾玛·奈波尔来进行旱季的拍摄，他的任务是跟着黑猩猩拍摄它们取水的过程。还有暗光拍摄专家尼克·泰纳，他的任务是用红外摄影机拍摄一处黑猩猩用来休憩的山洞。可是，他们首先要到达那里。

出发前几天，《生命的故事》摄制组办公室陆续接到消息，称塞内加尔和马里两国边境地区局势动荡不安。摄制组人员出发前重新评估了各种安全因素，走完一套必要的流程又耽误了几天时间。

这样的耽搁给摄制组带来了不小的困扰——工作人员必须在旱季最炎热的时候到达那里，因为只有在那段时间里，黑猩猩才会挖水喝，并住在山洞里。一到塞内加尔，摄制组就投入紧张的拍摄中。他们要补

上耽误的时间。只有 3 个人——吉尔的野外助理米歇尔和强尼陪着约翰一起，跟着黑猩猩进行野外考察。也就是说，约翰每天要背着 30 千克的摄影器材和 6 升的水，与此同时，还要戴着外科手术用的口罩，防止造成任何可能的人类感染。

摄制组早上三四点就要起床，驾车行驶 40 分钟到达指定的拍摄地点，还要在黑暗中再摸索 1 小时，在黑猩猩起床前赶到它们过夜的地方。要想不失去目标，唯一的方法就是一整天跟着它们，直到它们晚上找到地方过夜。然后，摄制组再走到停车的地方，驾车回到营地。如果幸运的话，约翰 11 点前就能睡觉。睡前要上好闹钟，第二天 3 点起床。

"戴着面具，呼吸十分困难。"约翰说，"气温高得吓人，大部分的树都在掉叶子，阴凉处特别少，而且都被黑猩猩占领了。太阳下烤得人都快熔化了。"

与此同时，尼克带着他的高科技摄影机，想要找一个山沟里的山洞进行拍摄。确定山洞里面没有黑猩猩之后，艾玛在 2 个高个子助手的帮助下建立起了一个复杂的由太阳光、红外摄影机和红外线构成的内部监视系统。

摄制组藏在 100 米以外荆棘遍布的灌木丛中为设备提供电力并进行操作。接下来的 2 周尼克就要在这

▶ **捕食中的黑猩猩**

一只正在制作捕食白蚁的工具的黑猩猩，这也是它学会的一种技能，毫不理会周围的人类观察者。白蚁为方果力黑猩猩提供了一整年的蛋白质来源。

里度过了。

经过 6 小时的辛勤工作,工作人员用 500 米的电缆将 6 架摄影机、4 台升降机、10 节汽车电池以及一个控制仪表盘连接起来。这一切都是为了迎接黑猩猩回来。从此以后,这条线路成了他们每天生活的一部分。当约翰跟着一群猩猩穿过灼热的灌木丛的时候,尼克和艾玛挤在闷热的藏身处——那里的最高温度能达到 53 摄氏度,盼望着黑猩猩的到来。

开始,一切都很顺利。第一天,一只美丽的雄性雪豹走进了洞穴,蜷缩在一台摄影机旁边,休息了几小时,到晚上才出去狩猎。这是令人高兴的现象。显然,它并没有受到摄影机和灯光的影响。可有一点令人担心,从他们藏身的地方无法判断雪豹接下来要去哪里。可是,一连两天,黑猩猩都没有出现。这是他们没有想到的。也许,黑猩猩离他们很远。紧接着,灾难来临。

有一天清晨,尼克听到了几声爆炸声和枪声。当地向导告诉他们,这可能是当地在进行狩猎和采矿活动。从马里来的难民正从边境涌入,他们到这里躲避战乱,寻找金子。这些都将对这片森林造成毁坏。

在洞穴里拍摄黑猩猩简直是一场灾难。

当地淘金热导致了爆炸。这些淘金活动大部分都是小规模的,并且未经批准。这带来了许多社会问题

和环境问题。每天都有很多爆炸声响起，还有从灌木丛中传来的枪声和爆炸声以及在灌木丛中来往的丛林肉食捕猎者。

日子一天天过去，黑猩猩显然不会再出现了。艾玛和尼克很不情愿地清理了山洞。可是，就在队伍向方果力河前进的过程中，约翰却有所收获。由于水流阻塞，水面上还漂着浮渣，可是黑猩猩们却知道向下挖掘到潜水层，寻找新鲜的水源。在最适合挖井的地方，它们排成队，有序地等待着清凉、干净的水源从河床的沙砾中渗透进洞里。最先饮水的通常是处于支配地位的雄性和体形较大的雌性。它们把头伸进洞里待上

几分钟。只有等它们都喝完了，其他居于从属地位的猩猩才可以喝水。这一具有重要意义的挖井行为正是摄制组希望看到的，同时，这一场景的拍摄也弥补了洞穴拍摄时的失落感。

近距离拍摄黑猩猩给约翰留下了深刻的印象。"它们都是非常有趣的生物，和它们在一起的日子精彩极了。我拍摄其他动物的时候，不管它们有趣也好，漂亮也罢，我与它们之间总有一条泾渭分明的界限。可是和黑猩猩在一起的日子里，那条线变得模糊不清了。你会发现，和你共享这个环境的，是一种与人类极其相似的物种。"

和黑猩猩在一起的日子里……你会发现，和你共享这个环境的，是一种与人类极其相似的物种。

◀ 在热带森林草原的空旷处拍摄黑猩猩。半沙漠地区的恶劣环境使黑猩猩们不得不走很远的一段距离才能获得水和食物——在旱季的时候，一天要走20多千米。人类跟着它们的节奏走在后面，预测它们的群体行为。

◀ 低角度拍摄
对页 研究黑猩猩的野外专家米歇尔正在观察。约翰盘着腿坐在那里，用一个矮的三脚架从低角度进行拍摄。黑猩猩在地面上的时候，采用水平拍摄和低角度拍摄对于影片摄制具有十分重要的意义。

◀ 酷暑难耐
终日在高温下戴着面具，让人感到窒息。一直流汗是个大问题。采用最先进技术的摄影机在白天漫长的跋涉中变成了摄制组沉重的负担。

捕猎追踪

拍摄野狗的过程，精彩上演

在所有的拍摄中，最令人跃跃欲试的要属拍摄非洲野狗在平原上追捕猎物的场景了。捕猎固有的属性让这次拍摄充满了挑战。野狗奔跑的速度能达到50千米每小时，而且一跑就是好几千米，即使在复杂的地形上或是漆黑的夜里也是一样。导演艾玛·珀和摄影师杰米·麦弗逊知道，这不是一件容易的事。

就连找到一个合适的位置都没那么容易。在前几年里，摄制组和从肯尼亚到南非的众多研究狗群的科学家取得了联系。根据调查结果，摄制组最终来到了赞比亚的一个偏远角落，紧邻安哥拉边境线的柳瓦平原国家公园。

这里有大片的吊瓜树，人们针对吊瓜树进行的研究也已经开展了好几年。更令人感到高兴的是，野狗通常在白天进行捕猎，其中有一只狗被戴上了无线电颈圈。狗群中的雌性首领刚下了12只小狗，也就是说，狗群需要捕猎养活这些嗷嗷待哺的小家伙。最值得高兴的是，柳瓦国家公园位于赞比亚泛滥平原，它像煎饼一样平摊在那里，上面几乎没有任何树木，只有一望无际的草原。这简直太棒了。

艾玛和杰米计划在公园里待上几个星期，先从地面上追踪狗群，再调来直升机从上空拍摄，以便更好地拍摄狗群捕猎时所运用的复杂技巧，以及它们是如何战胜猎物的，仅此而已。

没过多久，现实中的困难就出现了。尽管有一只野狗被套上了无线电颈圈，可是，在空旷的平原上寻找它们的踪迹仍旧是一场噩梦。信号发射机能够覆盖2千米的范围。可是，野狗很少在同一个地方停留2次。它们一个晚上就可以轻轻松松移动30~40千米。

飞机用来追踪的灯光坏了，摄制组只能在地面上没日没夜地追踪它们——不管它们何时何地进行迁移。即使这样，计划也并不是时常奏效的，野狗们总是会在草原上一连消失好几天。

非洲野狗开始捕猎，是我们可以预测到的为数不多的几件事之一。"从地面上很容易观察到捕猎开始。"艾玛说，"在打猎开始之前，狗群中的首领会号召其他狗准备行动，野狗们会举行一个隆重的碰触仪式。它们在出发前会用鼻子触碰彼此，互相啃啮，准备进入捕猎的兴奋状态。"拍摄这种仪式成了摄制组面临的大困难。

在柳瓦，野狗的主要猎物是牛羚和驴羚（均为大型、生性好水的羚羊），这两种动物都比野狗要强壮得多。不同于狮子一类的猫科动物很快让猎物窒息而死，狗

▶ 问候、追踪、观察、推进

左上 野狗自己预先进入捕猎状态——碰碰鼻子，互相啃啮，嚎叫嘶鸣。这一行为通常是由雄性首领开始，它和雌性首领一起带领狗群开始捕猎。

右上 就在杰米扫视草丛的时候，穆唐·丹尼斯想要定位那只戴着无线电颈圈的雌狗的移动方向。

右下 小狗总躲在草丛里，等待成年野狗捕获猎物之后来接它们。

左下 杰米在草丛中支着三脚架，关注着飞奔的捕猎者。

包机第一次降落在偏远的营地，卸下摄影器材。这架小飞机装不下摄制组人员和全部的供给器材，也就是说，它还要用两个半小时再运一次。

会在猎物还没死的时候就去撕咬它们，并取出它们的内脏。这个过程看起来十分残忍——猎物往往由于受到惊吓或失血过多致死。更糟糕的是，鬣狗经常尾随在野狗身后，等着抢它们的猎物。鲜血淋漓的猎物还没有死，就已经成为了双方争夺的对象。

在拍摄的前几周里，艾玛和杰米成功拍摄到了几次捕猎活动开始和结束的部分。中间最关键的那段追逐过程总是很难捕捉。

"一旦捕猎开始，野狗就消失在天际的滚滚灰尘之中了。"艾玛回忆说。高高的草丛中藏着各种各样的障碍物——柔软的沙子，满是白蚁的土丘，还有暗藏的水道。哪怕是坐着四轮驱动的汽车，也别想跟上野狗捕猎的步伐，只好派直升机了——可赞比亚地区并没有可用的直升机。最后，摄制组只好求助于从南

一只被野狗追逐得筋疲力尽的牛羚在等待它的结局。鬣狗一直在后面跟着这场捕猎，想要拿下这只猎物。可是，野狗的数量比鬣狗多得多。

非请来的经验丰富的航拍飞行员。

就在他们到达前几天，所有的赞比亚官方许可都被宣布无效。这场关于时间的赛跑就这样变成了一场关于获得新的许可的官僚游戏，好让直升机能够及时到达这个国家。除此之外，受摄制组和直升机提供方其他协议的影响，合作取消了。

"这实在太令人沮丧了。野狗每天都会进行好几次捕猎，有时是在晚上。一切都准备就绪了，只有直升机还停在几百千米之外的地方。"艾玛说。离直升机返回南非的日子只剩下3天的时候，进关文书到了。

真正的压力来了。原计划10天的拍摄只剩下了2天。可事情往往是，摄影之神突然对摄制组展开了笑颜。最开始是颇具推测性的飞行试验。直升机和研究人员们在平原上寻狗的约定已经在预捕猎仪式中展开了。游戏正式开始。

艾玛在前排的座位上观察，杰米坐在后面，周围都是显示器、记录工具和各类控制面板。直升机起飞了。就在这时，20只大狗、小狗都向平原上跑去。

"开始的时候，我们和狗群保持着一千米左右的距离。"艾玛说，"因为镜头好，我们依旧可以拍摄到每一只个体。可是，最让人惊讶的是，野狗完全忽略了直升机的存在，这使得我们有机会以更近的距离跟着他们。"

跑了几千米之后，野狗将捕猎目标对准了一小群牛羚。它们把小狗放在一处小水洼里，进入了全面捕猎的模式。过了15分钟多一点，捕猎在直升机下全面

展开了。只有从上面才能看到野狗采取了怎样的策略和行动，它们最终挑选了一只猎物并击败它。

"它们接近猎物的时候总是低着头，耳朵向后竖起，排成纵队，大步地奔跑着。"艾玛说。这样做的目的是让猎物自己移动起来，它们就可以确定群体中那些比较瘦弱的猎物。一旦确定了一个比较瘦弱的目标，它们就会加速前进。

"开始，一只野狗在最前面拼命追赶，过一会儿，它会掉到队伍后面喘口气，让其他野狗超过它，给猎物持续施加压力。"艾玛说。

可是，一旦野狗逼近，牛羚也会拼命奔跑，它们的速度非常快，还会尥蹶子，寻找隐蔽的地方藏身，混进其他牛羚或者斑马群里。在捕猎过程中，野狗常常因为其他动物造成的骚乱弄丢它们的目标，在几次被迫停止追捕之后，它们往往能重新锁定另一只看起来体弱的牛羚作为猎物。在复杂的地形上追捕了几千

米之后，野狗终于抓到了一只小牛羚。"一旦锁定了目标，野狗就会集合起来。"艾玛说，"它们会凶狠地撕咬牛羚的四肢、尾巴和肚子，直到它最终断气。"当猎物死去之后，狗群会把猎物围起来，派一只居于从属地位的野狗去把小狗崽从它们藏身的地方带过来，护送它们到这里进食。

遗憾的是，一天的时间很快就过去了。天空还微微泛着亮光，摄制组不得不把这群野狗和它们的大餐留在这里。他们见证了这一整场捕猎游戏，捕猎过程中充满了血腥、艰难和无休止的暴力——这与狗群内部之间的合作与关心，尤其是它们对小狗的关爱，形成了鲜明的对比。

"捕食过程中，我们见到了血腥、勇气和追逐，除此之外，"艾玛说，"我对这些神奇的动物充满了敬仰。"

▶ 正面交锋

　　一只野狗为了保护好不容易赢来的猎物，与鬣狗展开了殊死搏斗。尽管身上带有斑点的鬣狗在体形上要比非洲野狗大很多，并且更加凶猛，可如果一大群野狗进食的时候还是可以看好猎物不被鬣狗偷走的。如果有野狗幼崽，野狗会把没有消化的食物储存在胃里，再反刍给它们。

追逐白颊黑雁

关于计划、冒险和幸运

30年间会发生许多变化。在20世纪80年代初，摄制组就想拍摄《生命的故事》这样一部系列专题片，那时成功的希望渺茫。然而，拍摄北极雁在悬崖峭壁上着陆的奇景，值得我们去冒险。

在纪录片《北极熊国度》之后，没有人在格陵兰岛的奥斯特达尔山谷拍摄的原因其实很简单：没有飞机再飞往那个已经废弃的观测站了，唯一能到达这个偏远山谷的方式就是去参加一场夏日探险。因此，摄制组在2012年6月计划了一个为期3周的旅行，去那里探索一切可能。

在到达格陵兰岛的康斯特布尔之后，摄影师伊恩·麦卡锡和马特奥·威尔士带着他们的装备在海滨乘上了直升机，带着对于麝牛的困惑，飞向了那个被冰雪覆盖的空旷山谷。他们还带了露营和登山所需要的工具，以及一把步枪和一把信号枪，并且接受了关于一个人在山谷里行走时，如何击退饥饿的北极熊的训练。

首先，从很远的地方就可以听到白颊黑雁的叫嚷声，这令摄制组很受鼓舞。伊恩和马特奥刚搭好营地，就出发去寻找合适的拍摄地点。经过长时间的搜索，他们在一个小峡谷里找到了一处很可能是30年前来这里拍摄的人们曾经居住的地方。

当时正值北极的盛夏，雨、雪、大风很少出现，终日晴空万里。

他们用了1小时的时间爬上巨石地和那些45度的碎石斜坡，才登上了悬崖。之后，他们又用了1小时的时间抵达山顶。每天都有很多东西要通过齿轮装置运到山上。因此，马特奥决定在山顶搭建一个营地，这样比每天爬山要安全多了。这为他拍摄筑巢的大雁提供了绝佳的视角，他有了更多的时间来观察小雁的成长。与此同时，伊恩留在山下，等待接到来自山顶的无线电信号，随时做好准备拍摄大雁跳崖。

拍摄时机把握得刚刚好。在用了2天时间搭建营地之后，第一批大雁开始孵小雁了。尽管伊恩和梅朵在山谷里一共找到了大约20个巢穴，可是只有6处有良好的观察视野。有些巢穴在150米的高处，还有一些在山麓的碎石坡附近。捕捉到那些精彩画面的机会并不多。正值盛夏，在极昼的日子里，他们必须进行24小时不间断的观察。

距离小雁出生已经过去了一天半，大雁开始变得焦躁。一旦他们决定离开老巢，小雁就会跟着它们一起离开。最初，由于不知道会发生什么，摄影师错失了许多精彩的画面。小雁毫无预兆地跟在大雁后面跳下去，在宽阔的悬崖下，它们的身影很难辨认出来。它们经常碰到岩石上，从摄影师拍摄不到的角度跳下来，毫无预兆地跳下来，甚至在下坠的过程中卡在裂缝里。过了一段时间，伊恩和马特奥发现，有些行为可以帮助他们预测跳崖动作发生的时间和地点。

▶ **悬崖边上的准备**
架设吊杆。摄影机可以在悬崖边上调整角度，随时准备拍摄跳崖的画面。

绳子已经系好，准备开始拍摄。马特奥一边盯着显示器，一边控制着摄影机，屏幕被一块黑布包裹着。这需要很强的臂力。

拍摄小雁从高耸入云的悬崖上跳下来的画面要用到长焦镜头。可是摄影师用肉眼观测往往比较缓慢、来不易调整镜头。他们拍下了许多生死一线的跳崖瞬间。但是，拍摄的初衷是为了从小雁的角度出发来讲述这个故事，因此，他们必须到悬崖上拍摄。摄制组把升降机固定在悬崖壁上进行操纵，这样摄影机就可以从上面进行俯拍。每当小雁从悬崖上跳下来的时候，伊恩和马特奥在心里都为它们加油。这对他们来说太痛苦了，很多小雁下坠的样子十分笨拙，它们经常会磕到岩石上，卡在半空，甚至迷失方向。事实上，只有大约三分之一的小雁能够死里逃生。

在拍摄进行到一半的时候，北极狐出现了。气氛变得紧张。掉到北极狐旁边的小雁都没能逃出北极狐的魔爪。有一些大雁家庭可以趁北极狐不在身边的时候侥幸逃生。可是在更多情况下，小雁和父母之间的呼叫会引来北极狐。在如此残酷的屠杀面前，实在很难让人相信，跳崖是一种明智的生存策略。

在拍摄的最后几天里，摄制组计划跟着这些大雁家庭一起沿着山麓的石坡向下，穿过山谷，到达河边。可是，随着越来越多的北极狐的出现，大雁逃生的机会微乎其微。直到倒数第二天，一个有着3只小雁的家庭完成了它们的惊险一跳。伊恩和马特奥靠近它们。尽管这些大雁非常谨慎，可是它们很快接受了他们的靠近，就好像它们知道是人类吓跑了北极狐。大雁摇摇晃晃地走下山坡，向营地的方向走去。它们划着水游过河面。这是胜利的时刻——不仅意味着拍摄的完成，还重新燃起了大雁求生的希望。

在最后的两周里，长时间的工作、糟糕的天气、险峻的地势，耗尽了摄制组最后的力气。尽管伊恩和马特奥已经筋疲力尽，但他们离开时候的状态依然非常好。这场拍摄就像一场赌博，他们赢了。虽然没有拍摄到全部的画面，可是当制片团队看到那些大雁跳崖的镜头时，他们已经知道，在伊恩和马特奥第一次探险的基础上，可以确定第二年再次拍摄的重点。小动物中还有更多稀奇古怪的戏剧化场景，而拍摄过程中也需要付出同样多的努力。

▲ 等待信号

马特奥正在等待从高处的鸟巢里传来最新动态。为了防止岩石滚落，戴着安全帽是必需的。绳子可以保证他在悬崖边的安全，同时也可以帮助他爬下去。就在大雁产卵的 2 天后，小雁破壳而出了。

◀ 下落

制片人汤姆·休·琼斯正在寻找地面上雁爸爸、雁妈妈、小雁和北极狐的踪迹。

智取北极狐

为什么拍摄野生动物要靠运气

北极狐已经被拍过许多次了，可大部分都是在夏天拍摄的。那时天气条件较好，更容易拍摄到北极狐在窝边给幼崽喂食，或是在鸟窝附近捕食的场景。可是，《生命的故事》摄制组想要拍摄小北极狐出生后迎来的第一个冬天以及北极狐如何捕食旅鼠、寻找北极熊吃剩的食物。他们知道拍摄过程中会遇到很多困难，因为这些北极狐总是居无定所。然而，他们实际上遇到的困难却比他们想象的还要多。

在考察了所有的选项之后，摄制组选择了一个瑞典的考察站。科学家们曾在那里研究过北极狐，那里的旅鼠数量在未来两年中都相当可观。在公园管理员、摄影师罗夫·斯塔曼和导演索菲·兰菲尔的带领下，摄制组开始了为期4周的探索旅程。他们确定了3个洞穴。第一天晚上，他们就搭起了一个萨米式圆锥形帐篷，周围没什么特点，也没有令人不安的北极狐。

很快，罗夫就拍到了北极狐从洞穴里出来的画面。这是一个不错的开始，天气也很好。可是，还没有拍摄几天，风雪就来了，一切都发生了变化。由于视线不清，他们只能依靠GPS在山里行走。偶尔，他们会遇到一只北极狐，可是，它很快就消失在了暴风雪中。

拍摄遇到了困难，他们用了3天的时间加固了被风猛击的帐篷，等待着暴风雪。当真正的暴风雪来临的时候，摄制组立刻躲进了洞穴附近的罗夫睡觉的藏身处。在狂风暴雪中，罗夫观察到了北极狐的行动规律，但这并不是他此行的目的。北极狐只有在晚上的时候才会从洞穴里出来，然后消失在夜色中。大家的心情

都十分低落，暴风雪变得更大了。

大风以138千米每小时的速度打在帐篷的外壁上，大雪从裂缝中进入帐篷里面，大家只好坐着机动雪橇撤离，完全依靠GPS离开山里。他们迷路了，不过最后，所有人都安全回到了小木屋。

他们回到营地的时候发现营地已经被雪掩埋了。他们把各种器材挖了出来，重新做好隐蔽。可是北极狐只在夜间活动，拍摄注定失败。之后，倒数第二天早晨，罗夫休息的时候看到北极狐在捕捉旅鼠。可是当他重新将器材调整成适合的角度的时候，北极狐一跃而起，杀死旅鼠后就消失了。罗夫非常伤心，拍摄也只好不了了之。

他们决定找一个新的地方，不再跟着北极狐去穿越苔原，心想着也许北极狐自己就送上门来了。锡尔河的小屋位于加拿大哈得孙湾，刚好满足他们的需要。在过去30年中，北极狐每年冬天都会在这里出现。这里同样是观察北极狐与北极熊之间互动的好地方。

为了确保拍摄成功，摄制组决定在这里停留5周。这里唯一的问题是没有汽车，只能靠步行。他们还带着一名全副武装的向导，以防止遭到北极熊的攻击。他们一出门就碰上了北极熊。第一次见到北极熊大家都有些惊慌，罗夫和索菲很快发现自己没胆子站在那

▶ 摧枯拉朽
狂风将至。最终，撤离是唯一的选择，舍弃设备，用GPS在山间导航。

儿和北极熊交流，只能用石头砸，把熊吓跑。

几周的时间慢慢过去了，除了与北极熊惊心动魄的会面，以及被北极光照亮的夜晚，他们连一只北极狐都没见到，而且这里总有一些其他狐狸出没。红狐开始出现在小屋附近。它们是比白色的北极狐更大、更强壮的狐狸，可以战胜北极狐。由于气候变化，气温升高，红狐开始向北迁徙，占领北极狐的领地。

即使气温达到零下20摄氏度，红狐的入侵也丝毫没有减退的迹象。5周之中，摄制组只见到了3只北极狐飞快掠过的身影。因为北极狐一看到体形比它更大的敌人就消失了。索菲亚和罗夫不得不再次回到布里斯托尔，在他们回去的路上，脑海里只有一个念头——"要是去年来就好了"。

摄制组最终决定用另一个故事来代替北极狐的故事。可是冬天一到，又有新的报告说，北极狐从哈得

孙湾上一处偏北的小镇阿威尔特来了。红狐还没有到达那里，北极狐现在正在人类聚居地附近觅食。

更让人感到高兴的是，旅鼠的数目在不断增加，捕猎再次开始。可是，就在这时，罗夫在下一集的拍摄上出现了问题。他已经答应了拍摄另一个节目，因此，贾斯汀·马圭尔代替了他。

一到目的地，贾斯汀和索菲就发现了许多小北极

▲ 拍熊的休闲时光

北极熊正在相互切磋，消磨时间，等待哈得孙湾结冰。罗夫闲来无事就去拍摄它们切磋的场景，眼巴巴地等待北极狐的出现。

◀ 初见

贾斯汀·马格尔正在拍摄一只好奇的北极狐——这次拍摄值得庆祝。直到后来，捕猎者出现了。

▼ 捕鼠跳

　　一只年轻的北极狐在捕猎。它锁定了在雪层下移动的旅鼠，正要打破雪面的坚冰。它的爪子和鼻子先着地，直直地栽下去。摄制组成功拍到了许多照片。

狐。在白雪的映衬下，它们身上深灰色的"冬衣"很容易暴露。几天之后，贾斯汀拍到了第一幕捕捉旅鼠的画面。当时拍摄的距离很远，光线也不太好。尽管拍摄的效果并不理想，但这仍是一场精神上的胜利。慢慢地，他们拍摄到了更多捕猎的画面。捕猎行为很容易预测。一旦一只北极狐听到雪下有什么动静，就会竖起脑袋，转动耳朵，优雅地向那里移动。准确锁定猎物之后，它就会高高地跃向空中，鼻子向下，一头扎进雪里。事实上，这些跳跃往往并不成功。许多小北极狐把自己的脑袋埋进了雪里，场面十分滑稽。然而，贾斯汀和索菲不知道的是，并不是只有他们在盯着北极狐。

　　从 11 月 1 日起，这里就进入了狩猎季节，每次打猎要花 25 美元。北极狐可是摇钱树。从那时起，就很难拍到北极狐了。索菲和贾斯汀并不愿意放弃，他们决定冒险深入冰封的苔原。在更加严寒的环境里寻找北极狐可不是一件容易的事。16 天后，雪已经冻得很坚硬了，北极狐很难穿透雪层。

　　哈得孙湾已经结冰了，北极狐跟在北极熊身后，走到冰面上，帮它们清理猎杀海豹后的"战场"。最终，随着白天一天天变短，气温骤降，大家精疲力竭。人类该离开这里了。

　　返回基地的时候，人们很少会按照预期的那样满意而归，这次拍摄也不例外。在拍摄过程中，摄制组不仅收获了一个故事，还获得了一种成就感。他们在两个冬天一共走过了 27 000 千米，最终取得了成功。这是摄制组的第三大幸事。

▶ 冬日游戏：瑞典 vs 加拿大

　　左上 罗夫在他 24 小时藏身的雪堡里。

　　右上 索菲在瑞典用了好几小时才挖出了被雪掩埋的圆锥帐篷。

　　左下 北极狐尾随北极熊，贾斯汀尾随北极狐，来到了哈得孙湾的冰面上。

　　右下 索菲和加拿大向导托马斯用雪橇拉装备。

远离旁系的倭黑猩猩

大猩猩的竞争，黑猩猩的攻击，还有人类带着照相机来了

倭黑猩猩是猩猩家族中最少被研究和拍摄到的。在野外，只有在刚果的雨林中，才有个别地方能见到倭黑猩猩的身影。经过长达 8 个月的精心计划，调查员特奥·韦伯、摄影师罗夫·斯坦曼还有野外助理艾德·安德森飞往金沙萨与戈特弗里德·霍曼见面。霍曼研究倭黑猩猩已经有 20 年了。他的研究兴趣主要在于和我们一起近距离观察倭黑猩猩，也许能帮助我们了解我们的祖先——原始人类的生活。

摄制组提前采购了未来 8 周可能会用到的物资，包括辣椒酱——在关键时候，这可能派上大用场。之后，他们在外面吃了出发前的最后一顿大餐——油炸毛毛虫。按照特奥的说法，口感"又腥又脆"。

下一段旅程是乘坐飞机降落在森林里的跑道上。"全村的人都赶来欢迎我们。"特奥说。50 名搬运工搬着他们带来的物资走了 5 千米才到达村庄。在那里，他们吃到了旅途中最后一顿肉——红河猪肉，还尝到了当地含糖类的主食——树薯。树薯是一种和欧洲防风草长得十分相似的蔬菜，可以煎着吃，煮着吃，还可以腌制。最后还有一种叫作 quanga 的食物，特奥觉得"非常恶心"，可它却是摄制组对接下来的挑战所必不可少的能量来源。

第二天，他们走了 25 千米才到达卢口达勒观察站。接下来的 2 个月里，这里就是他们的家了。戈特弗里德于 1922 年建立了这个营地，并邀请摄制组前来。"要让倭黑猩猩习惯你们的存在。人类靠近时，树叶发出的响动和说话声会告诉它们有人来了。你必须把脸露

出来。不要刻意躲藏。它们需要看到熟悉的面孔（那些科学家和追踪者）。接着，它们就会慢慢认识你们。不要盯着它们——那会让它们感到威胁。"摄制组还要带上外科手术面具，避免交叉感染。也不能直接坐在猩猩下方，以免它们直接尿在你身上，甚至更惨。

罗夫度过了他在森林里的第一天，态度很积极。"我知道在丛林里生活会很艰难，尤其是潮湿，可是这为

▲ 出发前的最后一餐

　　油炸毛毛虫——又腥又脆。这是摄制组一直以来梦寐以求的高蛋白大餐。

▶ 基地

　　卢口达勒观察站位于刚果的热带雨林中部，配有太阳能板。这里就是摄制组为期 2 个月的新家。

◀ 跟踪倭黑猩猩

摄制组跟着倭黑猩猩寻找新的果树。他们每天都要背着摄影器材和水走上 25 千米，遇到行军蚁的次数比看到倭黑猩猩的次数还要多，弄掉身上的行军蚁是大家每天必做的工作。

我们提供了更多时间来寻找动物。"他乐观的心态并没有持续多久。3 天之后，他才见到了一只倭黑猩猩。

在热带地区生活，意味着天不亮就要起床，背着 25 千克的背包行走 5~20 千米才能到达倭黑猩猩过夜的地方。

然后，他们就坐在那里等到太阳升起，光线好了才开始拍摄。他们能听到倭黑猩猩在树上的声音，却看不到它们的影子。终于，树上的猩猩们要爬下来去找果树了。它们在地面的时间很短，罗夫这时才有机会拍摄它们。

"这群猩猩一早上都待在树上。"罗夫说，"然后下来转一会儿，带着我们走上一条爬满了行军蚁的小路。"特奥对这些蚂蚁记忆犹新。"你得离它们远远的，然后把衣服上的蚂蚁一只只弹下去。最令人讨厌的是它们攻击的方式。只有等它们爬得你满身都是，钻进你的衣服里之后，才会咬你。这一切都发生在一瞬间。"

其他麻烦还包括会在他们的头部形成云雾的汗蜂，它们想要进入任何可以找到的小孔；还有成千上万的白蚁随时准备进攻地面上的任何种群；以及被帆布包上的汗液吸引来的蜜蜂，一旦一个背包被吊起来，它们就会聚到绳子上用针刺。

一连几周都没有取得任何拍摄上的收获，还遇到了各种昆虫的阻碍，特奥十分烦恼。"起初，艾德和罗夫对于见到倭黑猩猩的经历充满了憧憬。可是，在

野外助理艾德（左）和摄影师罗夫（右）难得白天就回到了营地，他们都累坏了。最可怜的往往是脚，一整天穿着湿靴子，脚上会起水泡，还会被真菌感染。

连着 3 周每天行走 25 千米却一无所获之后，他们十分绝望。"

"我们依然每天架设起摄影机，想要拍些什么，拍不到，就接着再拍。"罗夫说，"天天如此。"偶尔，他们会找到一个很好的角度拍摄倭黑猩猩筑巢，但摄影机被装起来了，他们只好把处于绝好拍摄角度的猩猩留在原地，走上 5 千米返回营地。"有些日子，你只希望能够尽快忘掉它。"罗夫说。

饮食的作用不大。每天只能吃木薯和红豆，会对人体造成伤害。幸运的话，还能有沙丁鱼罐头做配菜。

特奥负责准备午餐，他收集了许多柴火。他已经尽力在用辣椒酱提高食物的口感了。每当摄影机出故障的时候，他总会借机要求运送一些美味的食物过来，比如加蒙贝尔奶酪。"奶酪还没运到，我就已经能闻到奶酪的香味了。运来的时候，奶酪都快融化了，可当晚，

大家能在营地里享用一顿美餐。"

困难远不止于此。"你所看到的场景有90%都无法拍摄。"罗夫说，"因为大部分都被植物挡住了。所以你必须要像佛教的那些禅宗大师一样，学会处理沮丧的情绪，压抑自己的情感。不然，你很可能会被逼疯的。"

最终，6周过后，幸运之神再次眷顾了我们。在几次偶然的情况下，我们拍摄到了一群黑猩猩正在横倒的树干上为彼此清洁，它们互相抓痒的场景正代表了我们的祖先最古老的需求。在一群黑猩猩向沼泽走去的时候，罗夫和艾德激动极了，因为那里的视野比森林中其他任何地方都更加开阔。

倭黑猩猩用两条后肢在水中前进，采摘百合花茎，放在口中咀嚼（这是它们获取矿物质的重要途径）。母亲把孩子背在肩上，像人类的母亲一样行走。罗夫观察了整整20分钟。

他欣喜若狂。"我还以为拍不到这一画面，可我们竟然拍到了。你根本难以想象，想要拍摄这些画面有多难。我通过灌木丛中的一个小孔拍下了这一画面。灌木丛为我提供了天然的藏身处，以前从来没有人拍到过。这对于我们来说具有十分重要的意义。"

这是关于我们已知的近亲绝无仅有的描绘。

▶ 功夫不负有心人

　　一只非常小的倭黑猩猩被妈妈温情脉脉地抱在怀里。这透过植物的一瞥正是对我们苦苦等待的回报。罗夫遇到了许多重大问题，由于森林中光线不好，倭黑猩猩大部分时间都在树上，因此，每一次的成功观察都值得我们庆祝。

致　谢

我们对在野生动物纪录片拍摄过程中给予我们帮助的科学家、各领域的专家以及当地居民表示深深的感谢，是他们使我们的摄制组能够在最佳时间、最佳地点拍摄到期待的细节画面。

4年来，《生命的故事》摄制组走遍世界。从北极圈到非洲，再到南极；从印度次大陆到遥远的戈壁沙漠，再到远东；穿过美洲到澳大拉西亚的各个角落。无论在世界哪个角落，专家们都无私地贡献出他们的时间和职业生涯的丰富成果：他们对动物如何生存的细致入微的了解。他们为什么要这么做？没有太多的金钱回报，也得不到任何名誉。他们这样做是因为他们深深喜欢着他们研究的这些动物，他们以生活中其他领域内少有的正直开明的态度对待工作。是他们的这种热忱让纪录片和这本书得以诞生。

当然，对于提供过帮助的每个人，我们都充满感激。但从帮助的程度上来说，我需要提及以下几个人。人类学家吉尔·普鲁兹在过去的10年间一直在塞内加尔撒哈拉沙漠边缘研究黑猩猩，对群族中的每只黑猩猩都了如指掌。她的知识和支持帮助我们的摄制组记录下由她首先发现的黑猩猩狩猎的绝妙足迹。日本摄影师冈田洋次发现了位于日本沿海的"麦田怪圈"及其"创作者"——河鲀。没有他的知识和帮助，我们的摄制组就不可能拍摄到这个景象。科学家康斯坦丁·罗戈温允许我们的团队加入俄罗斯探险队，深入戈壁沙漠，在那里确定了他研究了17年的长耳跳鼠的位置。

我们也感谢这本书背后的制作团队完成了这个复杂而默默无闻的任务。穆纳·雷亚尔为本书（英文版）责任编辑，在她另奔前程时，艾伯特·德彼得里洛在凯特·福克斯的帮助下接替了她的工作。鲍比·伯彻尔进行了巧妙的设计。劳拉·巴维克配了精美的插画便于故事的进一步展开。罗兹·基德曼·考克斯也再一次被证明是一个充满智慧和感召力的编辑。

制片组

Rupert Barrington
Miles Barton
Alison Brown-Humes
John Bryans
Tom Crowley
Carlee Davis
Nick Easton
Katie Ellis
Joseph Fenton
Sandra Forbes
Ian Gray
Michael Gunton
Craig Haywood
Karen Hooper
Tom Hugh-Jones
Ellen Husain
Nadege Laici
Alex Lanchester
Sophie Lanfear
Lannah McAdam
Emma Napper
Anuschka Schofield
Nick Smith-Baker
Theo Webb
Lucy Wells
Loulla Wheeler
Matthew Wright

摄影组

Matt Aeberhard
John Aitchison
Guy Alexander
Doug Anderson
Luke Barnett
Barrie Britton
John Brown
Rod Clarke
Martyn Colbeck
Tom Crowley
Sophie Darlington
Rob Drewett
Dawson Dunning
Tom Fitz
Kevin Flay
Dave Griffiths
Ben Grover
Jeff Hogan
Richard Jones
Mark Lamble
Emilien Leonhardt
Ian McCarthy
Alastair MacEwen
Mark MacEwen
Jamie McPherson

Justin Maguire
Hugh Miller
Roger Munns
Peter Nearhos
Didier Noirot
Mark Payne-Gill
David Reichart
John Shier
Mark Smith
Rolf Steinmann
Paul Stewart
Toby Strong
Gavin Thurston
Jeff Turner
Nick Turner
Simon Werry
Mateo Willis
Kim Wolhuter
Richard Wollocombe

特别鸣谢

Thomas Alikashwa
Ed Anderson
Anders Angerbjorn
Shinsuke Asaba
Leesa Baker
Tudevvaanchig Battulga
Matthew Becker
Ian Bell
Jami Belt
Brett Benz
Hakan Berglund
Emily Best
Kelly Boyer
Kat Brown
Rob Byatt
Rachel Cartwright
Anil Chhangani
Nyamtseren Choinzon
Tim Clutton-Brock
Andy Collins
Matthew D'Avella
Kleber Del Claro
Cassandra Denne
Mutangh Dennis
Stephanie Doucet
Egil Droge
Andy Dunstan
Ewan Edwards
Vicki Fishlock
Madeline Girard
Tyler Goertzen
Petr Gunin
Philippe Henry
Toyo Hirohashi

Gottfried Hohmann
Martin How
Crissy Huffard
Michael Huffman
Samuel Jaffe
Heather Jooste
Dondo Kante
Bakary Keita
Jeroen Koorevaar
Jose Lachat
Stuart Lamble
Andy McPherson
Julio Madriz
Terence Mangold
Marta Manser
Ray Mendez
Artur Miguel Vitorino
Joseph Mobley
Karina Moreton
Cynthia Moss
Sammy Munene
Norah Njiraini
Chris Likezo Numwa
Yoji Okata
Hans-Dieter Oschadleus
Jurgen Otto
Christina Painting
Chip Payne
Doug Perrine
Jerome Poncet
Jill Pruetz
Simon Robson
Konstantin Rogovin
Randi Rotjan
Tara Ryan
Georgy Ryurikov
Santos
Katito Sayialel
Robert Sayialel
Soila Sayialel
Stefan Schuster
Gautam Sharma
Digpal Singh
Rick Sinnott
Claire Spottiswoode
John Staniland
Alexey Surov
Michel Tama Sadiakhou
Glen Thelfro
Everton Tizo-Pedroso
Miquel Torrents Tico
Amy Venema
David Wagner
Tom Walker
Jody Weir

后期制作
Linda Castillo
Miles Hall
Janne Harrowing
Rupert Howe
Esta Porter

音乐
BBC National Orchestra of Wales
London Session Orchestra Murray Gold

影片剪辑
Nigel Buck
Darren Flaxstone
Angela Maddick
Andrew Mort
Dave Pearce

配音剪辑
Paul Cowgill

混音混合
Graham Wild

色彩顾问
Adam Inglis

在线剪辑
Tim Bolt

平面设计
Mick Connaire

探索频道
John Cavanagh
Robert Zakin

法国电视台France 5
Thierry Mino
Perrine Poubeau

开放大学
Julia Burrows
David Robinson
Janet Sumner
Vicky Taylor

图片来源

1 Oldrich Mikulica; **2~5** Federico Veronesi; **6~7** Sophie Lanfear; **8** Kevin Flay

第1章

10~11 Grégoire Bouguereau/vieimages.com; **13** J-L Klein & M-L Hubert/FLPA; **15** Stefano Unterthiner; **16** 左上 Stephen J Krasemann/SPL; **16** 右上 Ingo Arndt/naturepl.com; **16** 左下 Stan Malcolm; **16** 右下 Darlyne Murawski; **19** 左上 BBC; **19** 右上 Rob Byatt; **19** 左下 BBC; **19** 右下 Chien Lee/Minden/FLPA; **20** BBC; **21** Tom Hugh-Jones; **22~23** Ian McCarthy; **24~25** BBC; **26** Michel Laplace-Toulouse/Biosphoto/FLPA; **28~29** Anup Shah/shahrogersphotography.com; **30~31** Juan Carlos Munoz/naturepl.com; **33** Brandon Cole; **34~37** Cesere Brothers Photography/NMFS Permit #10018; **38** Andy Rouse/naturepl.com; **40** Suzi Eszterhas/Minden/FLPA; **41** Tony Heald/naturepl.com; **42~43** Daniel Rosengren; **44** Solvin Zankl/naturepl.com; **45** Shem Compion/shemimages.com; **46** Theo Webb; **47** Robin Hoskyns

第2章

48~49 Will Burrard-Lucas/burrard-lucas.com; **51** Luciano Candisani; **53** Mitsuaki Iwago/Minden/FLPA; **54** Paul Nicklen/National Geographic Creative; **55** Sophie Lanfear; **56** Matthias Breiter/Minden/FLPA; **57** Steven Kazlowski/naturepl.com; **58~59** Eric Baccega/naturepl.com; **60** Frans Lanting/FLPA; **61** Bill Curtsinger/National Geographic Creative; **62** Doug Perrine/naturepl.com; **63** Jessica Farrer; **64** Theo Webb; **65** Tom Hugh-Jones; **66** Andrew Parkinson/naturepl.com; **67** Danny Green/naturepl.com; **68~69** Theo Webb; **70** Frans Lanting/FLPA; **71** Pierre Lobel; **72** Frans Lanting/FLPA; **73** Laurent Demongin; **74** Jurgen Freund/naturepl.com; **76~78** BBC; **79** Barry Hatton; **80~81** Tim Laman/naturepl.com; **82** M & P Fogden/fogdenphotos.com; **84** BBC

第3章

86~87 Tim Laman/National Geographic Creative; **89** Vincent Munier; **91** Jurgen Freund/naturepl.com; **93** Shattil & Rozinski/naturepl.com; **94** BBC; **95** Shattil & Rozinski/naturepl.com; **96~97** BBC; **98~99** Alexander Safonov; **101** Sumio Harada/Minden/FLPA; **102** Skip Brown/National Geographic Creative; **103~105** Sumio Harada/Minden/FLPA; **106** Adrian Bailey/baileyimages.com; **107** Shem Compion/shemimages.com; **108~109** BBC; **110~111** Will Burrard-Lucas/burrard-lucas.com; **113** John Brown; **114~115** BBC; **116~117** Jiri Slama; **118** Art Wolfe/artwolfe.com; **119** Ingo Arndt/Minden/FLPA; **120** Mark Moffett/Minden/FLPA; **121~123** BBC

第4章

124~125 John L Dengler/dengler images.com; **127** Doug Perrine/naturepl.com; **129** Erlend Haarberg/naturepl.com; **130~133** John L Dengler/denglerimages.com; **134** Mike Potts/naturepl.com; **135~137** John L Dengler/denglerimages.com; **139** Donald M Jones/Minden/FLPA; **140** 左下 Jeff Vanuga/naturepl.com; **140~145** BBC; **146** richarddutoit.com; **147** Beverly Joubert/National Geographic Creative; **148~150** brendoncremer.com; **151~153** Pete Oxford/Minden/FLPA; **154** Frans Lanting/FLPA; **155** Emma Napper; **157** BBC; **158~159** Frans Lanting/FLPA; **160~161** John Brown

第5章

162~163 Steve Race; **165** Andy Rouse/naturepl.com; **167** Tim Laman/National Geographic Stock/naturepl.com; **168~171** Christina Painting; **172** Marcel Gubern; **174~175** Gilbert Woolley/Scubazoo; **176~177** Tanya Detto; **178~179** BBC; **180** Paul Stewart; **182** 左图 Otto Plantema; **182** 右图 BBC; **183~184** BBC; **185** Kat Brown; **186~191** BBC; **193** Miles Barton; **194** Yukihiro Fukuda/naturepl.com; **195** BBC; **196~197** Yukihiro Fukuda/naturepl.com; **198~201** Jurgen Otto

第6章

202~203 Christian Ziegler; **205** Thomas Dressler/ardea.com; **207** Patrick J Endres/AlaskaPhotoGraphics.com; **208~211** Gary Bell/Oceanwide images.com; **212** BBC; **213** Miles Barton; **214** Alex Lanchester; **215~216** 左上 Mark Payne-Gill; **216** 右上 Claire Spottiswoode; **216** 左下 Alex Lanchester; **216** 右下 Claire Spottiswoode; **219** Bernard Castelein/naturepl.com; **220~223** Stefano Unterthiner; **224~227** Darlene Boucher; **229~231** Christian Ziegler; **232~233** Theo Webb; **234** Denis-Huot/naturepl.com; **235** Anup Shah/shahrogersphotography.com; **236~237** Michael Nichols/National Geographic Creative

第7章

238~239 Sophie Lanfear; **241** Rolf Steinmann; **242** Alex Lanchester; **243** Corinne Chevallier; **244** Alex Lanchester; **245** Jurgen Otto; **246** Emma Napper; **247** Alex Lanchester; **249~250** Kat Brown; **252** Tom Crowley; **252** Yoji Okata; **253** Tom Crowley; **255~256** Emma Napper; **257** Ian McCarthy; **258~259** 顶图 Emma Napper; **258~259** 底图 Ian McCarthy; **261~262** Emma Napper; **263** Alex Lanchester; **264~265** Emma Napper; **267** Mateo Willis; **268** Zac Poulton; **269** 左图 Mateo Willis; **269** 右图 Zac Poulton; **271** Rolf Steinmann; **272~273** Sophie Lanfear; **274** Steven Kazlowski/naturepl.com; **275** 左上, 左下 Sophie Lanfear; **275** 右下 Rolf Steinmann; **276** Theo Webb; **277~278** Edward Anderson; **279~281** Theo Webb

图书在版编目（CIP）数据

生命的故事：BBC动物世界的传奇 /（英）巴林顿
(Barrington, R.) 等著；朱晨月等译. -- 北京：人民
邮电出版社，2016.1 （2022.11重印）
ISBN 978-7-115-40280-6

Ⅰ. ①生… Ⅱ. ①巴… ②朱… Ⅲ. ①动物—普及读
物 Ⅳ. ①Q95-49

中国版本图书馆CIP数据核字(2015)第237618号

版 权 声 明

◆ 著　　　[英] 鲁珀特·巴林顿（Rupert Barrington）
　　　　　　迈克尔·高顿（Michael Gunton）　　等
　　译　　　朱晨月　　陈星晓　　陈博文　　史星宇　　刘晓艳
　　　　　　王　倩
　　责任编辑　韦　毅
　　责任印制　彭志环

◆ 人民邮电出版社出版发行　　北京市丰台区成寿寺路 11 号
　　邮编 100164　　电子邮件 315@ptpress.com.cn
　　网址 http://www.ptpress.com.cn
　　北京宝隆世纪印刷有限公司印刷

◆ 开本：889×1194　1/20
　　印张：14.2　　　　　　　2016 年 1 月第 1 版
　　字数：384 千字　　　　　2022 年 11 月北京第 12 次印刷
　　著作权合同登记号　图字：01-2015-2394 号

定价：109.90 元
读者服务热线：**(010)81055410**　印装质量热线：**(010)81055316**
反盗版热线：**(010)81055315**